大自然的
小小观察家

（修订版）

〔波〕乔安娜·利兹泽维斯卡　　〔波〕玛尔塔·马鲁斯扎克
〔波〕格拉日纳·马特尼克卡/著　　孟小柯/译

深圳出版社

版权登记号　　图字：19-2024-067

Copyright©MULTICO Publishing House Ltd., Warsaw ,Poland
The simplified Chinese translation rights arranged through Rightol Media
（本书中文简体版权经由锐拓传媒旗下小锐取得Email:copyright@rightol.com）

图书在版编目（CIP）数据

大自然的小小观察家 : 修订版 / （波）乔安娜·利
兹泽维斯卡，（波）玛尔塔·马鲁斯扎克，（波）格拉日纳·
马特尼克卡著；孟小柯译. -- 2版. -- 深圳 : 深圳出
版社，2024.10
　　ISBN 978-7-5507-4028-0

Ⅰ．①大… Ⅱ．①乔… ②玛… ③格… ④孟… Ⅲ．
①自然科学－儿童读物 Ⅳ．① N49

中国国家版本馆CIP数据核字 (2024) 第 093773 号

大自然的小小观察家（修订版）
DAZIRAN DE XIAOXIAO GUANCHAJIA（XIUDING BAN）

出 品 人　聂雄前
责任编辑　李新艳
责任技编　陈洁霞
责任校对　何廷俊
装帧设计　朱玲颖

出版发行　深圳出版社
地　　址　深圳市彩田南路海天综合大厦（518033）
网　　址　www.htph.com.cn
订购电话　0755-83460239（邮购、团购）
设计制作　深圳市童研社文化科技有限公司
印　　刷　深圳市汇亿丰印刷科技有限公司
开　　本　889mm×1194mm　1/16
印　　张　13.25
字　　数　280千
印　　数　1～3000
版　　次　2024 年 10 月第 2 版
印　　次　2024 年 10 月第 1 次
定　　价　148.00 元

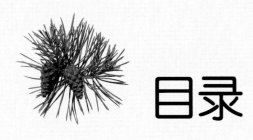

目录

在大自然中

自然界大探索

在山野里漫步，采摘蘑菇，沿着海边散步，倾听鸟儿的歌唱，探寻森林里动物的足迹，观察蚂蚁的活动，或者观察空中的云彩，这一切都能给我们带来无尽的乐趣。自然界每天都有很多奇妙的事情发生，它实在太迷人了。探索自然并发现其中的秘密会给你带来无限的满足与乐趣。从今天起，做一名大自然的小小观察家吧！

探险者装备

认识大自然的最好办法就是假期去徒步了。出行前一定要做好准备工作：首先，就是根据天气选择合适的上衣。其次，裤子、鞋和帽子也要仔细检查。最后，还要带上其他的一些必需品。当然，最好不要忘了带上一本口袋旅行指南，以及你的好心情！

放大镜

有了它，你不仅可以近距离观察到微小的动物，例如昆虫，还可以观察到自然界中的一些细节，比如叶脉和花粉。

笔记本和笔

记录观察到的所有重要现象，记下你所看到的植物和动物的名字（或画下它们的样子）。

照相机

拍照！带上它，你也许能够捕捉到罕见的自然现象，或者漂亮的动植物。照片将是你与大自然接触的最好记录。或许未来的某一天，你能把摄影与对大自然的热爱结合在一起，从而成为一名专业的大自然摄影师呢！

指南针

它能帮你定位，确保你不偏离路线。你的徒步路线上会有一些标志性的事物与地点：石头、倒下的树、十字路口等。要记住这些标志。

急救包

一定要随身携带创可贴、伤口消毒剂、弹性绷带和三角巾，还需要携带防蚊喷雾和防晒霜。

在大自然中活动的行为规范

我们每个人都希望能在干净的河水边休息，在森林里聆听着鸟儿的歌唱，欣赏美丽的植物，观察可爱的动物。我们也希望能在优美的自然环境中得到放松，愉快地度过闲暇时光，并安全返回。所以切记，不要破坏植物、惊吓动物、制造噪声、乱丢垃圾，更不要无视警示牌的内容。做一名大自然的友好小客人，它也一定会给你丰厚的回报。

行走安全提示

谨记！你在大自然中遇到的动物都是野生动物，因此不要靠近、触摸它们，也不要给它们喂食，更不要吓唬它们。

非生物界

没有非生物界，就没有地球上的生命。

与人类的文明与文化不同，非生物界是自然过程的结果，它包括整个宇宙以及其中的地球、太阳、空气、水（大洋、海、河、湖等），还有天气、气候、云、风、雷暴和岩石矿物。

　　非生物界中的这些元素相互作用，共同为植物、动物、人等生物的出现创造了条件。

天气是怎么形成的？

每天我们都会透过窗户看一看外面是什么天气，也经常会谈论它。当天气"不好"时，我们会抱怨；当天气"好"时，我们则很高兴。我们还会在电视上看天气预报。如果要出去度假或旅行，我们需要知道接下来几天的天气状况。

大气层围绕着地球，它的厚度在1000千米以上。大气层中发生着很多变化，白天因太阳光而变热，夜晚会冷却下来。水蒸气向低温区聚集形成云。

云可以形成雨、雪和冰雹，大气则可以产生大风和风暴。

在特定的时间和地点，大气层中产生的这一切现象就被称为天气。

你是否想过这样的问题：什么是天气？它包含哪些现象？

我们怎样去描述天气呢？

单单用一个"好天气"并不能准确地描述天气。我们想知道更多的信息，比如：天气将是温暖还是寒冷、晴天还是阴天，是否会降雨、刮风等。有了这些信息，我们才能知道在特定时间和地点的具体天气状况。

天气包含什么要素呢？

要想准确地描述天气，需要确定它所包含的要素。它包括气温、气压、空气湿度、太阳辐射强度、云量、风速和风向、降水强度以及其他一些天气现象，例如风暴、雾、霜和暴风雪。

当你仔细观察自己所在地一周内的天气状况，就会发现其中的变化。不仅次日相对首日会有变化，即便同一天里每小时的天气也不同。季节不同，天气也不同。

风速计

用于测量空气流速的仪器，它通常安装在高度大约为10米的桅杆上。

气象站

气象站是获取气象资料的地方。事实上，它是由栅栏围起来的一块草地。里面配有一套气象仪器，例如温度计、风速计、雨量计。来自全国各地气象站的数据会传输到气象研究中心，再经研究人员分析后进行天气预报。

天气预报

这是天气预报员对未来天气的预测和描述。电视、广播每天进行多次天气预报（例如洪水、风暴警告），这对飞行员、船员、司机等十分重要。普通人也依靠天气预报获知未来的天气状况。

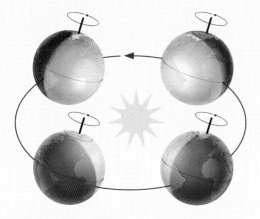

地球在轨道上绕太阳公转

季节变化是地球绕着太阳公转的结果。地球在一条轨道上运转，绕太阳转一圈约是一年，因此就有了春、夏、秋、冬四个季节。一年中，不同季节的天气也不一样。

地球自转

地球除了围绕太阳公转，它还会绕地轴自转，自转一圈约24小时。因此，就有了白天和黑夜。一天内的天气情况因时间而异，因为不同时间地球接收的太阳光也不同。

气象学是关于气象研究的科学。

气象局

这是一个气象部门，负责预测未来几天的天气情况。

什么是气候?

天气每天都不同，有时候一天还会有多次变化。但是，我们会发现这些变化有一定的周期性，并多年循环。一年有四季变化，但相同的季节在不同年份也有所差别。比如：某一年我们会遇到严冬酷暑，而下一年则可能是阳光灿烂的冬季、多雨的暑期。

气候和天气并不是一回事。天气是"当天"的状态，变化很快。而气候是某区域内长期的天气特征。

气候是特定区域的典型天气特征，这是根据多年观察确定的。

春

夏

影响气候的因素

气候受到很多因素的影响，其中最主要的因素就是全球特定区域的太阳光线照射角。太阳光线照射角度越大，气候就越暖和（因为地球表面接收光照多，就会变暖）。

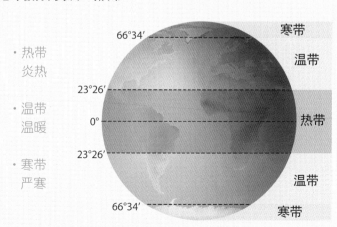

气候带划分

地球被划分为三大气候带，每个气候带接收光照量不同，因此它们就有了不同的气候。

地球被分为以下气候带：

· 热带
  炎热

· 温带
  温暖

· 寒带
  严寒

66°34′ —— 寒带

温带

23°26′ ——

0° —— 热带

23°26′ ——

温带

66°34′ —— 寒带

气候、季节

地球某一区域的温度取决于其表面太阳照射强度，这与气候、季节有关。

气候取决于：

- 地理位置
- 与海的距离
- 山脉
- 海拔高度

秋

冬

世界各地都有收集地球各种重要天气数据的卫星，长期监测有助于描述地球上的各种气候特征。

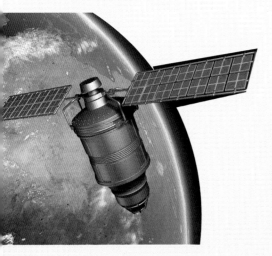

海边

近海区域的气候通常比内陆温和。海水在春季和夏季长时间受热，吸收大气中大量的热量，所以近海区域相对比较凉爽。而在冬季，海水则会释放水中的热量。因此相对于远海区域，海岸线附近温度就会偏高，也不容易出现霜冻。

山区

山区的气候通常比较寒冷，山上测量的降雨量是山脚区域的两倍。夏季比较短而凉爽，冬季则比较长而寒冷。高山区域秋季就开始下雪了，而且积雪很深，通常要等到春末才会融化。一整年中，山里都可能会刮强风，而且温度也比低海拔区域要低。

云与云量

云是什么呢？它是大气层中飘浮的水滴或冰晶的集合体，可以变换许多有趣的形状。云量则是指天空被云遮蔽的程度。生活中，人们经常说：多云、少云等。气象学家则对云量有着精确的描述。

云是怎么形成的？

首先，潮湿、温和的空气上升到达大气层。高空大气层温度要低于地面，因为空气的温度随着高度每增加100米就降低0.6摄氏度。接着，潮湿、温和的空气遇冷空气而凝结成水滴或冰晶。最后，这些小水滴相遇沉积成片，飘浮在大气层中，就形成了我们常见的云。

大气流动能使云飘浮在高空。

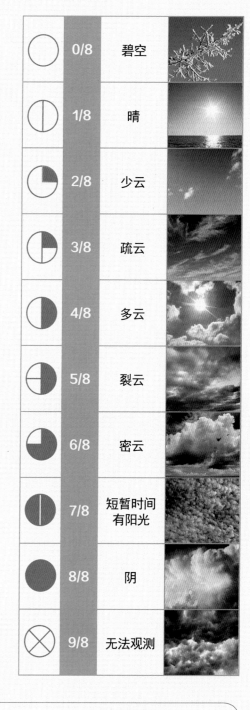

○	0/8	碧空
◐	1/8	晴
◔	2/8	少云
◔	3/8	疏云
◑	4/8	多云
◕	5/8	裂云
◕	6/8	密云
◕	7/8	短暂时间有阳光
●	8/8	阴
⊗	9/8	无法观测

从飞机上看云

飞机航行高度通常要达到8～13千米，保持在云的上方。因此，即使在多云天，乘客也可以看到太阳，还能在高空看到地球上飘着云的景象。

卷云

层云

积云

云的分类

根据所处的高度，云被划分为高云族、中云族和低云族。高云族形成于6～11千米的高空，根据形状也被称为卷云。中云族形成于2～6千米的高空。低云族的云，大概位于距离地面2千米以下的空中。最常见的是积云，它的厚度能达到一两千米。

天气预示

云有不同的厚度和形状。一些云预示着好天气的到来，而另一些云则相反。一些云预示着为期几天的雨天的到来，而另一些云则预示着阵雨、暴雨或冰雹的到来。

友善的云

可怕的云

风暴巨头

这就是积云，形状像巨型菜花。它们可迅速改变形状和大小，变大时能达到几千米的厚度。底部由水滴构成，顶部由冰晶构成。大型积云会引起暴雨和风暴，有时还会引起冰雹。

天空中的绵羊

当你仰望着天空中的一朵朵白云时，你肯定会联想到一群群小羊羔。这些云就是高积云（属于中云族），它们有时会在几个小时后下一场平静的雨。它们在日落时看起来格外美丽，因为它们覆盖的天空会在一天结束时呈现出奇妙的色彩。

卷云

这种卷云与众不同，它们薄而细腻。在一定高度的高空中，温度很低（零下十几摄氏度），所以这些云只能由冰晶组成。它们不会引起下雨或下雪，当一些冰晶从云层中脱离出来，然后又遇风连到一起，就会呈现出羽毛状和爪状。

降水

从海洋、湖泊、河流、土壤和冰川蒸发而来的水会产生云。然后它们会以降水的形式回到地球，有时会是小雨、阵雨或雪，有时是短暂的倾盆大雨，有时则是连续多天的降雨或降雪。

雪花

下雨

雨是最常见的降水类型。云是由水滴组成的，可能会下毛毛雨、大雨或大暴雨。当云被撕裂时，所有形成云的水滴会降落到地面上。当受到空气中上升气流影响时，云层就会停止降雨。

白色的星星

雪是空气温度低于0摄氏度时发生的降水。降雪需要高空大气层还有地表附近的温度同时为0摄氏度以下。此时水滴会结晶并形成冰晶降落下来。冰晶可以形成各种美丽的形状：星星、花朵或针形等。

暴风雪：当下雪时伴随着强风就会形成暴风雪。

风雪：降雪停止后，强风把地上的降雪卷起来而形成的一种现象。

冰雪王国

雪是由水蒸气在空中直接凝华形成的，覆盖在地球表面、植物或其他物体上。特别是在寒冷的日子里，被雪覆盖的世界银装素裹，看上去格外美丽。

这样的图标在天气图上代表冰雹的意思。

冰雹

冰雹是在位于高空的积雨云中形成的。水汽随气流上升遇冷会形成冰粒。在上升的过程中，凝结成的冰粒会不断变大，直到因自身重量太重而降落到地面。

霜是一种小冰针状的聚集物。通常在夜晚温度很低时，水蒸气迅速凝华就形成了霜。

冻雨是由冰水混合物组成，与温度低于0摄氏度的物体表面接触立即冻结的降水。它也可以在白天形成，不会形成针状。

雷暴

雷暴是一种看上去很可怕的大气现象。云层中发生剧烈的放电现象，放电时会伴随巨大的雷声和强烈的光照现象或闪电。通常在此期间会下一场暴雨，有时会下冰雹。

雷暴是如何形成的？

关于雷暴具体是如何形成的，我们还没有确切的答案。但是我们知道它是云层放电的效应。当空气分子、水滴或者冰晶形成的云雾相互摩擦时，就会产生电荷。暴风云的下部有负电荷，上部有正电荷。云中的电场强度十分巨大，每米就有几十万伏特，这就会导致放电，也就会形成电流。

大气中发生了什么？

我们在地球上并不能观察到或听到所有发生在大气中的雷暴。在大气中，每分钟大概会发生2000次雷暴，每秒会出现100次放电，那么每天就是近900万次闪电！

闪电是在暴风云与暴风云间、暴风云与地面间形成的巨大带电火花。云层内的负载电荷可以移动。闪电现象通常伴随以电光和雷声。

闪电是怎么来的?

闪电没有颜色。空气因电流而受热，并达到一定程度的高温，就会产生明亮的电光。其温度可高达3万摄氏度。

遇到雷暴天气怎么办?

重要提示!

· 如果没有必要，最好不要离开室内。
· 从插座上断开所有电器设备。

如果在室外遇到雷暴天气：

· 千万不要躲在树下面，因为高的物体会吸引闪电。
· 尽快从山上或高处下去。
· 不要躺在地上。
· 如果有可能的话，寻找建筑物。
· 将手机关机。
· 请勿手持任何金属物体。
· 如果你在洗澡，请尽快离开水面。
· 如果你在进行游泳、划船等水上活动，在雷暴来临前请尽快到达岸上。

什么是雷声?

雷声是云层放电时产生的声音。闪电发生时会释放高能量，空气因受热迅速膨胀。此时，空气受剧烈冲击而形成的声波就是我们听到的雷声了。

雷暴距你有多远?

如果你想知道雷暴离你有多远，记下从你看见闪电到听见雷声的秒数，然后用它除以3，得到的结果大约就是雷暴与你的距离（以千米计）。

避雷针也被称为避雷器。

防雷措施

你肯定在高塔、烟囱等处见过避雷针。它通常是立于屋顶的金属棒，以电线连到地面。当建筑物受到雷击时，避雷针把闪电产生的能量引到地面。

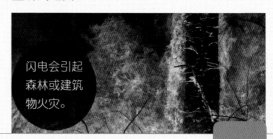

闪电会引起森林或建筑物火灾。

气压

空气看上去很轻，但实际上很重。它的质量在20摄氏度时可达1.2千克每立方米。这就意味着，一个面积为30平方米的房间内空气重量要超过100千克。现在你可以想象到大气中的空气作用于地面的压力该有多大了吧！

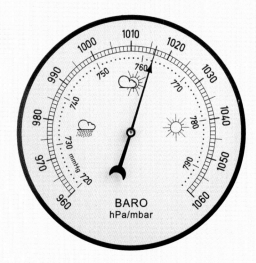

百帕计量

气压可以用气压计进行测量。人们用百帕作为单位，缩写为hPa。1025hPa以上的压力被称为高压，1025hPa以下则为低压。在气象图上，气象人员把气压数值相同的点连起来形成线，这些线就是等压线。

在山中，海拔越高气压越低。

夏季和冬季的高气压区

什么是高气压区？

高气压区是指气压高于周边地区的区域。在北半球的高气压区，空气按顺时针方向旋转，空气升温导致云层消失。因此，无论在什么季节，这样的区域都会是好天气。

高气压区经常天气晴朗。夏季，经常是气温高、天气炎热，但从早到晚阳光充沛、晚间舒适，大概所有人都梦想着这样的天气吧；冬季，则经常会有霜冻和冻雨，但仍然阳光明媚。

越热空气越稀薄

空气受热就会变得稀薄，因此也就越轻。热气球就是利用这个原理进行工作的，通过特殊的燃烧器对气球中的空气进行加热，因此热气球就从地面飞起来了。

气压与温度

气压取决于大气温度。空气受热时会上升，作用于地面的力量就会减小，因此压力也就会降低。空气受冷，则会在近地面形成空气密度大的高气压。

令人讨厌的气象变化

人们很难忍受多变的天气，尤其是气压下降或波动。与这些气象变化有关的疾病被称为气象病。气象病患者会容易疲劳、嗜睡、头疼，患上关节炎。患者还会心情不好，并且注意力不集中，没有精力行动。秋冬季长时间缺少日照，也容易引起气象病。

低气压区夏季和冬季的特点——多云和多降水。

低气压区

低气压区是气压比四周低的区域。在低气压区，热空气上升，遇冷会形成云。因此，低气压区通常多云，天气不佳。

低气压区的夏季经常多云，会有大雨；冬季除了比较温暖外，还常伴有强降雨和强降雪。

为什么会刮风？

风，其实就是大气层中空气在水平方向的流动。空气流动是由于气压不同，而气压不同则是因为地球上不同区域受热不均匀造成的。温度高的地区要比温度低的地区气压低，空气会从气压高的区域向气压低的区域流动，从而形成风。

风向和风速是用来描述风的两个重要指标。测量风速的装置被称为风速计，它通常被置于离地面10米高的杆子上。安装在此高度，刮风时不会遇到障碍物的阻碍。

帆船利用风的力量才能行驶。

风帆冲浪是一种利用风的水上运动。

风速

风速以米每秒或千米每小时来计量，通常在天气预报中出现。

风能带着植物种子进行长距离移动。

沙丘是怎么形成的？

你肯定在海边见过这种沙丘，强风吹来的海沙在地表凹凸处停留，逐渐形成巨大沙丘。

风向是指风吹来的方向。例如从西边吹来的风就是西风。

风媒植物就是利用风力为媒介进行传粉、繁殖的植物。

风从哪里吹过来?

风向标(或风向仪)是一种简单的器械装置,可以用来指示风向。

机场的风向标是一个条纹风向袋,安装在垂直的标杆上。

屋顶的风向标是用金属或木头制成的,它不仅可以用来指示风向,还可当装饰元素,有公鸡、帆船、鱼、火车和猪等造型。

风力玩具

风车

这是用纸就可以制成的简易小玩具,风能让它动起来。有时候人们在果园和花园里放置一些小风车,可以防止鸟等动物偷吃果子。

风筝

风筝是一种古老的飞行装置,它是几千年前的古代中国人发明的。直到今天,孩子们仍非常喜欢这种玩具。没有风,就没法放风筝!

由风力驱动的风车可以将麦子磨成面粉。

现代风力涡轮机可以将风能转化为电能,这就是生态能源。

想要测量龙卷风内部的风速是不可能的,因为没有什么测量仪器能够承受其风力。人们认为它是超声速!难怪它会造成巨大的破坏。

旋风

即龙卷风,由快速旋转的直立中空管状的气流形成,上部接积雨云,下部常与地面接触,席卷一切接触到的物体,摧毁房屋,把汽车、人、动物都吸进旋涡,破坏力巨大。

破坏力

高强度大风常伴随以风暴,能将大树连根拔起、吹走屋顶、破坏电力线。

风暴是吹过海洋的强风,会产生巨大波浪——可达几十米的高度。

焚风是出现在山脉背风面的干热风。当空气从山的一面上升,从另一面下降时就会出现这种风。

温暖与寒冷

如果没有太阳能，地球上的动植物就无法生存，地球也将是一片冰冷的沙漠。光照强度决定了空气的温度，这是影响天气的一个重要因素。地球上各个区域的气候类型就取决于当地的受热状况。

空气温度数据的收集是通过气象站进行的。使用能屏蔽直接太阳辐射的温度计，在地面以上2米的高度进行测量。温度计被放置在气象笼中。

此外，气象学家还在地表5厘米高处测量地面温度，以便检测春季或秋季的地面霜冻。

结冰

结冰是当空气温度降到冰点以下，也就是0摄氏度以下时产生的现象。

低温

当温度上升到0摄氏度以上时，冰雪开始融化。这常常发生在冬天温暖的时候或早春时节。

雪是田地和花园免于霜冻的保护伞。

植物的羽绒被

雪是热量的不良导体，这就意味着它能有效地将覆盖的植物与霜冻等破坏性影响隔离开来。几厘米厚的雪层就像温暖的被子一样，将下面的植物完全保护起来。

即使在夏天，无云的夜晚往往也很凉，因为地球的降温速度更快。

云层

随太阳升温了一天的空气，通常会在晚上冷却下来。当天空覆盖云层时，云层不会让地面迅速冷却。然而，在一年中任何无云的夜晚，热量会更快地散发出去。

哦，太热了

当天气晴朗且地表温度超过30摄氏度时，白天就十分炎热。这种天气会持续几周，让人感到无精打采。过后可能会是夏季的暴风雨天气。

不同的计量标准

在摄氏温度计上，0摄氏度是冰点，100摄氏度是沸点。在不同的国家，会采用不同的温度计量方式。例如华氏温度、开尔文温度或兰金温度。

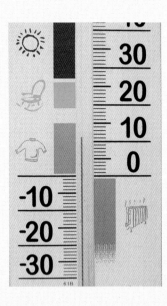

温暖

春秋时节，气候温和。温度常保持在让人感觉舒适的范围，即舒适温度。

炎热

夏季的时候人们会穿得很少，这是由于空气温度常常很高。

温度纪录

地球上最高的气温纪录是57.8摄氏度，此数据是在非洲利比亚的埃尔阿奇亚记录下来的，记录日期是1922年9月13日。

位于南极洲的沃斯托克站是目前南半球的寒极，也是世界寒极。1983年7月21日，该站记录到-89.2摄氏度的极低气温。北半球的寒极之一位于西伯利亚的奥伊米亚康，1933年曾测到-71.2摄氏度的低温。

多彩的天空

当太阳光照向大地的时候，它在大气层中会遇到大气分子和悬浮在大气中的水滴、灰尘等微粒，并发生散射现象。于是，我们就看到了美丽壮观的色彩效果。我们可以观赏到彩虹、日落、光晕等自然现象。

人眼看到的阳光是白色的，但实际上它是七种颜色的混合，分别是：红、橙、黄、绿、蓝、靛（diàn）、紫。

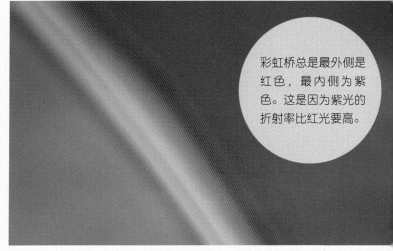

彩虹桥总是最外侧是红色，最内侧为紫色。这是因为紫光的折射率比红光要高。

空中的彩虹

每个见过彩虹的人都会被它震撼。彩虹是在阳光照射到空气中的小水滴后形成的，这一现象常常发生在雨后。太阳光照射到小水滴上，在水滴内发生折射和反射后，会分解成不同的组成色，就形成了天空中多彩的彩虹。

多彩光谱

彩虹总是出现在有太阳的天空，它就像电影院屏幕上的景象一样虚幻。我们能看到它，却触摸不到它。当水滴蒸发或太阳下山后，它也就随之不见了。所以在夏天，常常只能看到短暂的彩虹。

双桥彩虹

有时你能在天空中看到双桥彩虹，只不过第二个彩虹桥的色彩不是很鲜明，但它更大，这就是所谓的二次彩虹。它的色彩排列与第一个相反，你还会发现这两个彩虹桥之间的天空比较暗，而整个彩虹下方的天空则比较明亮。这是由于天空颜色与比较明亮的彩虹发生对比造成的视觉效果。

> 巨大的太阳从地平线升起。

> 升起的满月就像一个巨大的橙色球。

天空为什么是蓝色的呢?

天空没有云雾遮挡时会在白天呈现鲜明的蓝色,这是太阳光在大气微粒中散射后的效果。波长较短的蓝、紫色光,容易被大气微粒散射开,使天空的颜色为蓝色。如果阳光没有在大气层中散射,那么在白天只能看到黑色的天空和星星。

巨大的球体

你有没有注意到日出和日落时,太阳看起来要比在正午时大得多?月亮在满月的时候也是这样。据科学家计算,人们在地平线上看到的太阳和月亮的大小是它们在正上空时的3.5倍,这是人类眼睛感受到的光学错觉造成的。

> 每当黎明,太阳从地平线升起时,或者黄昏,太阳从地平线落下时,天空就呈现出一幅美丽的景象。

> 在地平线位置上,太阳光照射到周围的云彩上,使其颜色明丽。通常夕阳要比朝阳更加多彩,这是因为傍晚空气中的灰尘更多。

日出与日落

日出和日落时,太阳光到达地球要经历漫长的路程。太阳光是由七种颜色的光组成的,不同颜色的光穿过大气层的本领也各不相同。红色光穿过大气层的本领最大,橙色光次之。在清晨和傍晚,太阳光要斜着穿过大气层。所以,在穿过厚厚的大气层时,只有本领最大的红色光和部分橙色光能成功,而其他颜色的光,如蓝色光、紫色光等,则被大气层反射了出去,无法一路前行。所以,在日出和日落时,太阳看起来红彤彤的。看上去,天空就像在燃烧一样。

月晕

月亮周围有时会有白色光环环绕,预示着锋面的形成与坏天气的到来。这些"晕"其实就是卷层云,冷空气遇到温暖的湿空气,就形成要下雨的云。这时天上很冷,水滴都冻成了六角形的冰晶,当月光照射这些冰晶时,就形成了月晕。

> 月亮周围的光晕预示着坏天气的到来,所以民间有谚语"日晕三更雨,月晕午时风"。

> 太阳的周围有时也会出现光晕,外侧是蓝色,内侧是红色。

自然界中的水

　　水是所有动植物的必需品。没有水，地球上就不可能存在生命，在生物的每个细胞中，重要的生命过程都发生在有水的环境中。水可以将营养物质运输到生物体内，也可以将生物体内不必要的物质排到体外。此外，它还可以调节恒温动物的体温，使其保持恒定。

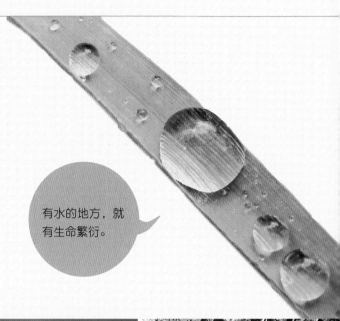

有水的地方，就有生命繁衍。

海月水母体内的水分占身体的98%。

雾是在地球表面大气中悬浮的由小水滴或冰晶组成的水汽凝结物，是一种天气现象。

雪花和玻璃上的冰花是水结晶后的固体形态。

身体与水

　　生物身体的主要成分是水。陆生植物体内水分占体重的50%～90%，动物体内水分占体重的60%～80%。人类体内水分占体重的65%～70%，大脑内水分所占比例更是高达80%。

水的循环

水的循环需要太阳提供能量。太阳的热量使地球上海洋、湖泊、河流的水蒸发，成为空气中的水蒸气。水蒸气形成大气中的云，再以雨、雪或冰雹等形式降落地表，流入河流、大海。也有部分水渗入地下成为地下水，或继续流入海洋。

从地球到大气中的水会以相同的量返回到地球表面，因此这一过程是闭路循环。

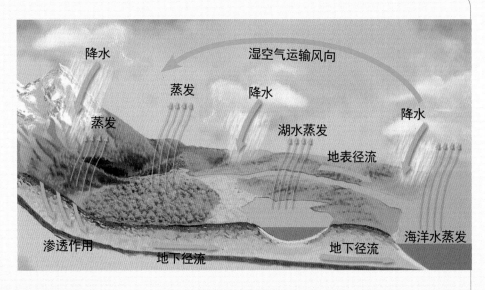

降水　　　　　　湿空气运输风向

蒸发　　　降水

蒸发　　　　　　　降水

　　　　湖水蒸发

地表径流

渗透作用　　　　地下径流　　　　地下径流　　海洋水蒸发

水的三种物理状态

水这种物质在自然条件下，能以三种物理状态出现在地球上：

· 液态：出现在海洋、河流、湖泊和地下，或以雨、雾和露水的形式存在。
· 固态：以冰川、雪、霜、冰雹、冻雾等形式存在。
· 气态：以无色无味的气体（水蒸气）存在于大气中。

植物可以利用根部吸收水分，并将其用在光合作用中。水分通过蒸腾作用进入大气中，所以，植物也参与了自然界的水循环。

大气水库

大气层不仅仅是一个大型水库，也是大量水资源在地球上循环的一个通道。大气中最为明显的水的储存形式就是云了。从海上蒸发的水分，能以降水的形式降落到大陆上。

如果大气中的水全部同时降落到地面，那么它能在整个地球表面形成2.5厘米厚的水层。

对气候的影响

水温要比土地温度升高得慢，因此水是很好的热量储存库。而且，夏天海洋吸收的热量能在冬天释放。同样，它在白天吸收的热量会在晚上释放出来。因此，海洋和海岸周围气候通常比较温和，昼夜温度差异也要比内陆地区小。

大气中始终是有水的。即便是在晴朗无云的天空中，也有眼睛看不到的水分存在。

我们有多少水资源？

地球上约97.5%的水都是咸水，从人类需求的角度来看，这些基本都是不可使用的。这些水都不能喝，也不能用于植物浇灌或工业用途。剩下只有2.5%左右的水是淡水，但不是所有的淡水我们都可以获得。它们中的一大部分在冰川中和地下深层，因此，地球上只有不到1%的水是安全可饮用的。

淡水是可以饮用的，它可以解渴。淡水是无色无味的。我们必须喝水，身体才不会脱水。如果没有水，人只能活4～7天。

咸水的味道是咸或苦涩的，因为里面溶解有矿物质盐。

水流动的力量

流水的动能可以转化为电力。图片中显示的是一座水力发电厂。

水车的大轮子在水的带动下产生动能，可以带动磨盘磨面粉。

冰川中的淡水资源

地球上大部分淡水以冰的形式存在，位于地球的两极附近，冰川、冰盖和积雪等淡水资源总共占地球上淡水资源的69%。其中，南极的冰量是北极的9倍。冰盖是指冰川连续覆盖了大面积的陆地，厚度约为1.5～4.5千米。由于冰盖很重，位于其下面的土地会受压变形，呈碗状。

冰川中储存着上千年的冷冻水，如果地球上所有的冰川都融化的话，大洋和海平面会上升近70米。

稀缺与过剩

　　地球上的淡水资源不是均匀分布的。例如亚马孙平原、巴西高原、喀麦隆、孟加拉国和挪威等地有着丰富的淡水资源。然而，地球上大部分地区淡水资源都很紧缺，每三个人就有一个人生活在淡水资源有限的地区。

为什么会缺水?

　　暴雨后，大量的水会迅速从地面流向河流、大海，只有一小部分的水会渗入地下。因此，地下淡水资源很少。当温度过高时，土地表面会迅速失去水分，造成干旱并伤害作物。

雨水渗入土壤进入地下，可以确保水资源的再生。

格陵兰岛冰雪覆盖地区最流行的交通工具——雪橇。

水污染

　　很多可用的地表淡水资源都因为污染严重，而无法为人类使用。工业和农业废水排放是导致水污染的主要原因。例如人造肥料和一些农作物防护药品会随雨水进入水域，污染水资源。

地球上的岩石和矿物质

地壳是由各种岩石构成的，海洋的底部也是这样。岩石是几百万年前在地质活动中自然形成的。岩石中蕴藏着宝贵的资源：金、银、钻石，以及人类所需要的矿物质——硫、铁、铜等。岩石还为我们提供了建筑的原材料，例如，花岗岩、石灰岩、玄武岩、大理岩，以及用于生产玻璃的原材料。此外，植物赖以生长的土壤也是岩石风化后形成的。

岩石圈内部的热物质

地球大约有45亿年的历史了。起初，它是一个又大又热的液体球。后来，它逐渐冷却，并从外部开始形成固体。现在我们的地球是分层的结构，它就像一个未完全煮熟的鸡蛋。地球的中心是地核，其主要组成成分是铁、镍（niè）。地核外层包围着的是地幔，它包括部分岩石圈和软流圈。地球表面则是岩石风化后形成的一层土壤。

内核：厚约1220千米

外核：厚约2250千米

地幔：厚约2900千米（地球分层中最厚的一部分）

地壳：厚度5～80千米（地壳的厚度是变化的，海洋区域比较薄，大陆区域比较厚）

岩石

岩石是天然产出的由一种或多种矿物组成的、有一定结构构造的集合体。例如，花岗岩、大理岩、石英岩和片麻岩以及砂砾和黏土。

片麻岩

片麻岩的结构构成能清晰地显示出其不同矿物和颜色分层。据地质学家研究，其透明层主要是由长石、石英和一种比较亮的云母组成，比较暗的分层则主要是由一种黑云母构成。片麻岩看上去很像带有奶油的条纹蛋糕，这样对比来看，让人很有食欲啊！

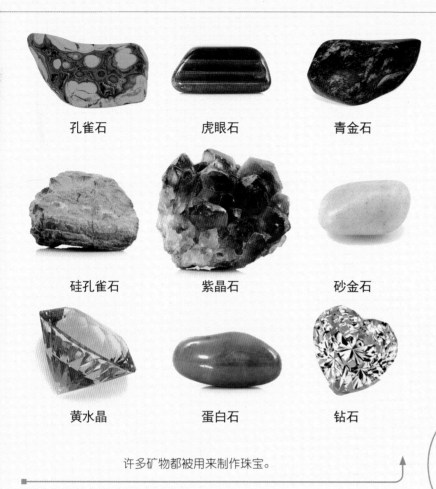

孔雀石　　　虎眼石　　　青金石

硅孔雀石　　　紫晶石　　　砂金石

黄水晶　　　蛋白石　　　钻石

矿物

　　矿物是指在地质作用下天然形成的结晶状、排列均匀的固体纯净物（例如石英），也是沙子、岩盐的主要成分。矿物是经过漫长的地质过程产生的。目前，已经有3500种矿物被发现和检测过。每年有20～40种新的矿物被发现。

许多矿物都被用来制作珠宝。

用于制作铅笔芯的石墨，也是一种矿物。它是灰黑色的，易书写。

松散、紧密与坚硬

　　还有另一种岩石分类方法：根据构成它们的矿物质的具体状态。据此，可以分为松散的、紧密的和坚硬的岩石。松散状的岩石有砾石、沙子、灰尘。紧密的岩石则有黏土、淤泥和黄土等。在压力下，它们会变松散或凝聚。坚硬的岩石则是矿物质强力聚集在一起的岩石，例如花岗岩、石灰岩、玄武岩等。

沙子是松散状态的岩石。每一个尝试过将沙子从干沙滩上弄进沙坑的人都知道这一点。

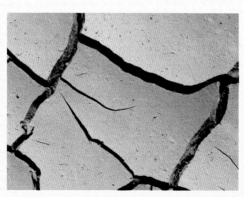

黏土是一种紧密的岩石。它潮湿的时候是柔软的，干燥后会变硬，但易碎。

石灰岩是坚硬的岩石，因此可以用作建筑材料，例如建造房屋。

岩石是如何形成的？

地质学家根据岩石的成因，将其分为三种主要类型：岩浆岩、沉积岩和变质岩。即使岩石会发生变化，它也需数百万年的时间。由于这种变化，一种类型的岩石会变成另一种类型的岩石。

岩石学是研究岩石的一门科学，主要研究岩石的化学成分、矿物成分，岩石的结构和性质，还有岩石的成因和变化规律。

当熔融的岩浆冷却下来后会发生什么？

火山爆发期间，高温熔融的液体岩浆从其中溢出来，温度高达几千摄氏度。

到达地球表面后，熔融的岩浆会迅速冷却下来，当其温度降到600～800摄氏度时，它就开始凝固。

在凝固的过程中，矿物会发生结晶。但由于熔融的岩浆冷却的速度很快，形成的岩石中的晶体较小。

恐龙骨架化石中，恐龙的骨骼和牙齿都被保存了下来。

生物化石

岩石中保存着几百万年前生物的遗体，这些很早以前的动物骨骼或植物残片已转化为化石，它们为我们提供了过去时代动植物的信息，以及当时的环境和气候信息。它们还能帮助我们确定石头形成的时间。

石炭纪蕨

三叶虫——生活于5亿年前的一种海洋动物。

岩浆岩

岩浆岩是由熔融的岩浆冷却后凝固而形成的岩石。岩浆岩按成因分为两类：一类是熔融的岩浆侵入地壳内部，在地表以下缓慢冷却而形成的侵入岩，例如花岗岩。另一类是熔融的岩浆喷出地表后冷却而形成的喷出岩，例如玄武岩。

花岗岩

花岗岩是由岩浆侵入地壳内部，在地表以下缓慢冷却而形成的侵入岩，可以用肉眼观察到它较大的晶体。它有很多颜色：灰色、绿色、粉白色、红色和黑色。

玄武岩

玄武岩就是喷出岩的一个例子，它有着非常精密的晶体。它的用途很广，可以用作铺路材料，也可以用作建筑材料，还可以制作抗浓酸的化学用品和管道。

沉积岩

其他岩石的风化物和火山喷发物经过水流或冰川的搬运，积在海底或湖底。接着，它们被位于更高层的岩层压迫并形成沉积岩（例如砂岩、石灰岩）。

砂岩

它主要是由石英、长石、云母三种矿物组成的细粒沉积岩。由于它的硬度较小，易于加工，因此常被用来制作建筑装饰材料。

石灰岩

石灰岩是一种轻质的沉积岩，常被用作建筑材料（石灰）、农业肥料（研磨后）和水泥产品。4000多年前，埃及人就用石灰岩建造了金字塔。

变质岩

地壳深层的岩石一直经受着较高的温度，并且承受着较高的压力。在这些因素的影响下，岩石中的化学成分发生改变，或者重新结晶变成其他矿物，这就是变质岩的形成过程。例如大理岩和片麻岩。

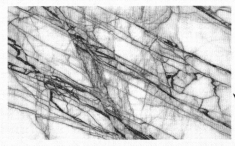

大理岩与众不同的美丽表现在其特有的花纹纹理。大理岩有多种颜色：白色、灰色、粉色、浅黄色、棕色、蓝色和黑色等颜色。

大理岩从古代开始就是用作雕塑、装饰品、建筑的珍贵材料。大理岩雕塑可以放置很长时间。

生物界

人类和其他所有生物一样，是自然界的一部分。

生物界包含了地球上一切有生命的生物：在显微镜下才能看到的细菌以及单细胞生物（例如藻类）、自养的植物、异养的真菌和动物，当然还有我们人类。

真菌

　　真菌在地球上已经有大约4亿年的历史了。据估计，世界上存有的真菌种类有7万多种。它们大部分生存在陆地上，一小部分出现在水中，通过孢子繁殖。它们与植物不同，没有叶绿素。它们的身体被称为菌体，没有组织区分。真菌是自然界物质循环中非常重要的一环。在人类的经济生活中，它们也扮演着重要的角色，既有积极的一面，也有消极的一面。

真菌不是植物

真菌过去通常被认为是植物的一种。随着显微镜的发明，生物学家可以观察到肉眼看不到的一些现象，从而更准确地了解生物体之间的差异。在详细研究的基础上，真菌自成一界——真菌界。

菌褶
孢子从菌褶中长出

菌盖

菌柄

菌盖 + 菌柄 = 子实体

伞菌属

菌丝索

伞盖厚实的牛肝菌

碗状的橙红色网孢盘菌

美丽的胶角菌

微观真菌与宏观真菌

不同种类的真菌，大小形态也完全不同。它们据此被分成微观真菌（只能在显微镜下进行观察，肉眼无法看到）和宏观真菌（大型菌体）。

真菌多种多样的形状

其中最广为人知的就是帽形菌了，它通常生长在森林里，有菌柄和菌盖。菌盖下面有菌褶、菌管、菌刺。除了帽形外，菌类还有很多其他的形状，例如碗状、梨状、灌木状和海星状等。

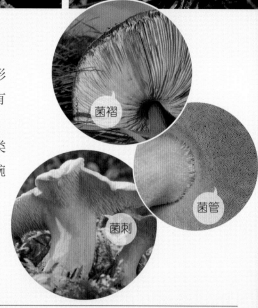

菌褶

菌刺

菌管

蘑菇

　　蘑菇是一种大型的高等真菌，菌体由长线状、缠结和分枝的菌丝构成。一束菌丝形成菌丝体。它们可以在土壤或木材上生长。我们常说的"蘑菇"就是对有性生殖阶段的真菌子实体的俗称。蘑菇产生孢子，孢子可以像植物的种子一样进行繁殖。

蘑菇（子实体）的生命周期

　　蘑菇的生命周期一般很短，在孢子成熟后就死亡了。但也有一些是多年生的子实体，其孢子能生长好几年。

木蹄层孔菌以前被用于点火。

你可以在山毛榉属的树干上看到木蹄层孔菌。这种真菌的子实体能生长很多年，而且每年都会长大。

海星形状的真菌

仙女环

球状真菌

　　大秃马勃菌是欧洲最大的真菌。它的子实体球状，白色，大小相当于一个足球，有时比足球还大。它的重量能达到一个几岁孩子的重量，即十几千克。它生长在草地上和灌木丛中，有时几个靠得很近。

大秃马勃菌

仙女环

　　真菌的菌丝在土壤中长势旺盛。有时它占有的面积很大，甚至达到数百平方米。当生长条件有利时，菌丝呈放射状生长，以圆形覆盖表面，其周边出现孢子，形成所谓的仙女环。你可以在地面上看到或大或小的子实体环彼此接近。

　　真菌学是研究真菌类的科学，而专门从事真菌学研究的生物学家则被称为真菌学家。

真菌的生活

在地球上，绿色植物能够利用二氧化碳和水生产生命所需要的有机物。真菌和动物，包括我们人类，都无法做到这一点，因为都没有叶绿素。因此，真菌属于利用现成的有机物生存的异养生物。

植物群、动物群和……

在某一地区特定的植物种群被称为植物群。例如生长在波兰大自然中的植物被称为波兰植物群。动物则被称为动物群。而真菌开始被归为植物群，现在被称为真菌群。

在1公顷的森林中，也就是10000平方米的地方，每年有3～4吨死亡的有机遗体被真菌和细菌分解。

落叶会在几个月的时间内因为腐生菌的作用而消失。

光帽鳞伞分解落叶或其他动植物死亡后的遗留物质，形成有营养的腐殖质。

世界清洁工

真菌有各种各样的生活方式。其中大多数真菌会分解死亡的植物或动物遗骸，我们称之为腐生菌。正是由于这些真菌（以及细菌）的存在，我们周围的落叶、残留的木材或动物粪便才会消失，这就是说真菌是自然界物质循环中非常重要的一环的原因。没有这一环节，地球上的生命将不复存在。

分解者

动物吃完食物，食物会在动物体内被消化。而真菌会在其菌丝外释放酶，因此能将活的或死的生物分解成简单的化合物。这种简单的化合物很容易从溶液中被吸收进真菌细胞的内部。将复杂有机化合物分解为植物可利用的简单无机化合物的有机体被称为分解者。真菌就是这样的分解者。

真菌与植物是好朋友

　　许多真菌物种都与树或其他一些高等植物的根共同生存。真菌侵入植物的小根或缠绕它们。这种根被称为菌根。利用这种合作，真菌从植物中接收现成的有机化合物，也为植物提供含有矿物质的水。

　　很多可食用菌都是菌根真菌。常见的褐环乳牛肝菌会与松树根形成菌根，所以我们在山毛榉林中就找不到这种真菌，只能到松树附近寻找。褐环乳牛肝菌与松树形成密切关系。而其他牛肝菌可以在松树、云杉、山毛榉和橡树附近找到。牛肝菌与许多树种共生。

蜜环菌

夏天，在白桦树附近可以找到褐疣（yóu）柄牛肝菌。

橙黄疣柄牛肝菌要在欧洲山杨附近才能找到。

伞菌、平菇等

　　蘑菇可以种植，虽然仅限于一些种类。到目前为止，有很多美味蘑菇还无法种植。在波兰，蘑菇种植很普遍。蘑菇需要在特殊的建筑物中种植，这样可以控制其生长条件：适当的恒温和恒湿环境。平菇可以在原木上培养。而在中国，香菇和木耳种植广泛。

我们在超市购买的蘑菇大多是种植而来的。

一些有益，另一些有害

　　并非所有的真菌都是有益的，一些真菌在活的植物或动物体中生长发育，会伤害它们，导致疾病。这些真菌我们称之为寄生菌。蜜环菌就是一种危险的寄生菌，它会在活的或枯死的树木或树桩上形成团块。其菌丝体在土壤中生长一段距离后，进一步侵袭健康的树木，这些树木会在数年内死亡。

　　蜜环菌是一种可食用菌。

白桦菌菇是寄生物种。它生活在活着或死亡的桦树树干上，这会使这些树木患危险疾病，最终腐烂。

采蘑菇

到森林里采摘蘑菇总能引起很多人的兴趣。对于这样的森林活动，必须要着装合适，带上篮子和一把刀，最好是便携式折叠小刀。走路、寻找蘑菇时要把刀子合上，以免受伤。寻找蘑菇的过程中应该集中注意力，注意观察周围的环境，例如低垂的树枝等。

辨认特点

虽然一个物种的子实体可能不是那么容易辨别，但是它们有一些共同的特点，这些特点也叫辨认特点。通过辨认特点，我们就可以认出它们。例如松乳菇的菌管是橘红色的，而且它的茎被弄破后，先流出乳橙色汁液，一段时间后会变成绿色。这些辨认特点在每种蘑菇图谱中都会有详细的描述。

蘑菇

毒蘑菇

毒蘑菇通常会导致腹泻和呕吐等症状。致命的物种有毒鹅膏、豹斑毒鹅膏菌、鹿花菌和纹缘盔孢伞等。

在你去采摘蘑菇之前，必须要认识以下这些物种：

纹缘盔孢伞

豹斑毒鹅膏菌

鹿花菌

谨记，鹅膏菌属有一些特点：

菌盖

菌环

菌托

毒鹅膏，又称死帽蕈。

毒鹅膏是一种致命的毒蕈（xùn）。通常它的菌盖上没有跟其他毒蕈一样的白色斑块。在波兰，它是致命的杀手，仅仅一个子实体就能结束生命。

不可食用的蘑菇

不可食用的蘑菇与毒蘑菇不同。它们没有毒，但也不能吃，因为它们很难闻，而且味道很苦，质感较硬。这些蘑菇被归为不可食用的蘑菇。

什么季节长什么蘑菇

蘑菇常在夏秋季节长出来，如牛肝菌和蜜环菌等。有些真菌只能在春天采摘，如羊肚菌。冬天冰雪未融化的时候，可在落叶林中找到金针菇。

羊肚菌

野生金针菇

美味的可食用蘑菇

褐绒盖牛肝菌

高大环柄菇

松乳菇

鸡油菌

美味牛肝菌

蘑菇的收成取决于天气条件，它的生长繁殖受到降雨和温度的影响。特别是在夜晚，需要温暖的环境。

蘑菇采摘礼仪

礼仪，也就是良好的行为举止。我们不仅需要在与人相处的过程中注重礼仪，在采摘蘑菇时也是一样。

1. 不要深挖它的根部，破坏底部菌丝。否则，那里就无法再长出新的蘑菇。

2. 不要破坏有毒或不可食用的蘑菇。它们虽然有毒或不可食用，但是它们对于森林这个综合的有机体很重要。

3. 只采摘我们需要的数量，剩下的就让它们继续生长。

4. 集体去采蘑菇时，不要争论。而且最好不要把自己弄丢了，有什么其他的事情，活动结束后再说。

蘑菇可以用刀切割或用手从底部拧下来。切割或拧下蘑菇后，仔细覆盖它生长的地方，这样菌丝就不会干枯。

蛞（kuò）蝓（yú）是伟大的蘑菇美食家。

微观真菌

世界上存在的大多数真菌都是非常微小的生物，没有放大镜或显微镜根本就看不到它们。因此，它们就被称为微观真菌。而且，微观真菌的种类远远超过宏观真菌的种类。

显微镜和放大镜是观察微观真菌时不可缺少的仪器。

酵母是做面包时不可缺少的成分。

酵母产生二氧化碳，可以使面团膨胀。

不可替代的酵母

酵母菌是广泛用于食品工业的单细胞真菌。没有它，我们就吃不上松软的面包，大人们也没法品尝啤酒和葡萄酒了。面粉中添加酵母后，面团就会膨胀。这是因为酵母在发酵的过程中会产生二氧化碳，这种气体能使面包变得松软，就像气球被充了气一样膨胀。

也有一些种类的酵母会降低产品的品质。

发酵的奶酪和香肠

奶酪经过发酵处理后，具有特别的外观和风味。一些奶酪上有白色霉菌，有的则长满蓝色或绿色的霉菌，人们称之为发酵奶酪。同样，人们也会制作有白色霉菌的香肠。真菌发酵可以改善食物的风味，使其保持一定的湿度，并能防止其他微生物滋生。这种食物对身体没有害处，因为它们是由有益霉菌制成的。

青霉素——最早被发现的抗生素

一些种类的真菌被应用于医学领域。抗生素这种用于抑制细菌生长或杀死细菌的药物，就是由真菌制成的。人们从淀粉食品和水果上发酵产生的霉菌里获得了第一种抗生素——青霉素。它也被称为盘尼西林。

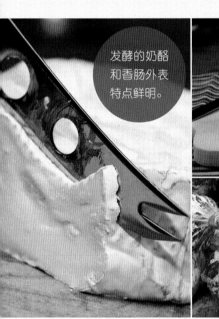

发酵的奶酪和香肠外表特点鲜明。

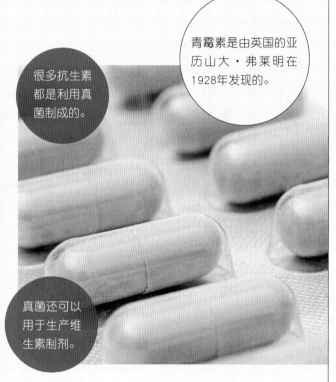

很多抗生素都是利用真菌制成的。

青霉素是由英国的亚历山大·弗莱明在1928年发现的。

真菌还可以用于生产维生素制剂。

不安全的发霉食物

一些食物，例如面包、水果或蜜饯，外面会长出霉菌，并且颜色各异。这些真菌具有对人类和动物有害的物质，被称为霉菌毒素。它们能引起肝损伤、免疫系统紊乱，并且还有致癌作用。因此，食物发霉后一定要扔掉。

致病真菌

有些真菌能引起疾病，在人与动物中引起的疾病被称为真菌感染。许多植物也有真菌病，例如白粉病、锈病、疮痂病等。致病真菌每年使农业和园艺业损失巨大。

像这种食物一定要尽快扔掉。

患有褐腐病的苹果树，其果实呈褐色，并且有孢子簇重叠。

用来杀死或抑制真菌的化学物质被称为杀真菌剂。

地衣 ——不寻常的有机体

地衣是一组非常特殊的生物体。它由两部分组成：一种营养真菌和一种食用藻类。真菌和藻类存在永久的共生关系，从中获得双赢。真菌从能进行光合作用的藻类中吸收营养物质，并为藻类提供水和无机盐。真菌还可以防止藻类变干。地衣是一种不寻常的有机体。

> 地衣也叫地衣真菌。

> 研究地衣类的学科被称为地衣学。

地衣的生活环境

你可以在非常极端的环境里看到地衣，甚至在非常高的山顶也有它的身影（除了覆盖着永久性积雪的地区）。无论是低温还是长期干旱的环境，它都可以生存。它可以长在土壤里，乔木和灌木的树皮上，苔藓植物、岩石以及混凝土和腐蚀金属的表面。出于这个原因，它被称为"先锋生物"。

在高山石头上长着的地衣

在针叶林里生长迅速的地衣

地衣是什么样子的?

地衣具有块状结构，因此不能区分组织和器官。地衣可能是壳状（例如文字衣属）、叶状（例如梅花衣属）或枝状（例如石蕊属）。

> 地衣的身体被称为菌体。

叶状地衣

壳状地衣

文字衣属通常生长在高山的岩石上。

梅花衣属通常生长在树皮上。

枝状地衣

石蕊属生长在针叶林里。

世界上生长着2万多种地衣，其中热带地区种类最多。

筑巢的好材料

许多鸟类都会用地衣作为材料来筑巢，这是因为这种材料很容易获得，而且遮蔽功能良好，还具有防止寄生虫生长的作用。例如长尾山雀就会用软苔藓建造房屋，并在上边覆盖一层地衣。同样，苍头燕雀也会用地衣作为其鸟巢的遮蔽材料。

地衣可以很好地掩护动物巢穴以防入侵，还可以保护鸟类免受寄生虫的伤害。

天然水库

地衣可以从露珠、薄雾和降水中吸收水分。而且，它的吸水量很大，能达到自身重量的好几倍，简直就是一个天然大水库。

动物的食物

我们在高山的岩石上、针叶丛林里都能看到大量的地衣，它们在北方为动物提供了基本的食物需求，例如驯鹿经常以石蕊属和橡木苔为食。其中石蕊属被称为"驯鹿地衣"，因为它们的样子长得很像驯鹿的鹿角。

驯鹿喜欢的一种美食是橡木苔，它长在树干上。

驯鹿生活在北方地区。

环境清洁度指标

地衣虽然对各种天气条件的耐受力很强，但是它对工业造成的空气污染很敏感。所以，在大城市的中心，几乎看不到它的影子。环境污染后，地衣是最先消失的。在过去的半个世纪里，人们已经观察到这一类生物大规模灭绝。

浓密的枝状地衣长得就像胡须一样，它对空气污染最为敏感。

石黄衣有黄色的叶状体，生长在落叶树的树皮上或混凝土表面。

喇叭石蕊顶端有菌体，生长在沙质土壤里。

植物

　　植物是地球上唯一的生产者。它们通过复杂的光合作用（依靠植物内的叶绿素），利用光能和吸收空气中的二氧化碳、土壤中的水分，制造有机物并释放氧气。因此，它们可以自给自足。同时，它们所生产的有机物和氧气也是人类和动物的必需品。

苔藓植物喜水

苔藓植物分布于各大洲。无论是在低地还是在高山都有它们的身影。甚至在海拔高达6000米的地方，你也能找到它们。它们能生长在各种不同的地方：土壤、树干、朽木和岩石上。苔藓植物主要是陆生植物，世界上有2万多种。在这些苔藓植物中，它们有的需要碱性环境，有的需要酸性环境，但大部分都需要充足的水分才能存活。

苔藓植物包含三个门：苔门、角苔门和藓门。

苔门——多种形态的苔藓

生长在木头和石头上的苔藓植物。

需要充足的水

苔藓植物没有发育完善的输导组织，因此它们喜欢潮湿的地方，例如森林和沼泽地带。

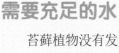

研究苔藓植物的植物学分支被称为苔藓学。

需要少量的阳光

苔藓植物虽然对缺水很敏感，但是可以接受少量的阳光。所以它们经常出现在森林的树荫下，那里有充足的水分。例如在黑云杉底下，它们经常是唯一生存的植物。

苔藓植物主要靠假根发挥作用，而不是叶子。

孢子囊长出孢子。

水库

　　森林里的苔藓植物就像一个大型水库。一些种类的苔藓植物由于具有海绵状结构，例如泥炭藓，因此可以吸收比自身重量多20～40倍的水量。由于它们能吸收大量的水，因此可以保护森林免受旱灾，以及预防洪涝灾害。

中位泥炭藓

干苔藓复苏

　　干苔藓往往看上去已经死了，但当有利条件来临时，也就是处于潮湿环境时，它又会焕发生机。曾有这样神奇的事情，干燥了几年的苔藓在潮湿环境下重新生长起来。这种重新生长的现象被称为复苏。

泥炭沼泽通常会受到保护。

苔藓像海绵一样吸收水分。

我们经常在园艺中用到泥炭。

泥炭

　　泥炭藓在泥炭形成中有重要作用。它丛生在沼泽地上，遗体逐年堆积成泥炭。又因为泥炭藓不断吸收水分，长期下去，会破坏生物宝贵的栖息地。

毛梳藓散布在松树林中，它的形状看上去就像羽毛。	金发藓呈深绿色，紧密地覆盖在地上，它经常生长在低地或山区。	黄绿色的赤茎藓通常生长在松树林、云杉林或荒野中。

蕨类植物——
陆地上的第一类植物

蕨类植物是地球上最古老的陆生植物，在大约3亿年前的古生代时期广泛分布。从当时的蕨类植物形成的煤炭来看，现在的蕨类植物要比其祖先小得多。现在世界上有1万多种蕨类植物。

石炭纪时期的蕨类植物形成的煤炭。

石松纲、木贼纲、真蕨纲都属于蕨类植物。

小杉兰

不长孢子的芽

孢子繁殖芽

分开的蕨叶

分布广泛的石松纲

石松的特点是比较矮，叶子为针形，小而无叶柄，茎和根四处分布。

蕨类植物在阴凉潮湿的地方生长旺盛。对于此类植物，我们称之为喜阴植物。

木贼纲

木贼的叶子呈鳞片状，以轮生叶序分布，茎有分节。细胞壁上有大量的二氧化硅，这就是为什么在触摸这些植物时会感到很坚硬。

木贼属孢子，生成于某些茎部顶端的孢子囊穗里。有些枝丫长孢子，有些则不长。植物学家称第一种为孢子繁殖芽，第二种为不长孢子的芽。

真蕨纲

真蕨的叶子是所有蕨类植物中最大的。其叶子有的分开，有的不分开，从地面生长起来，不会形成树干。

真蕨叶子在早期生长阶段会呈卷状。

高效的水分传输系统

　　与苔藓植物不同，蕨类植物有发育完善的根、茎、叶。其内部有良好的传输系统，因此水可以运输到植物的各个部分。正是因为蕨类植物拥有这种结构，它们的叶子才能长得很大。

孢子与孢子囊

神秘的集群

　　在蕨类植物叶子下面或者旁边，有时会生长棕色圆形的东西。它们不是有害的生物或什么疾病症状，而是形成孢子的孢子囊。孢子会长出很小的根须，不同的种类，它们的孢子排列方式也不同。

欧洲鳞毛蕨

　　这种蕨类植物生长在阴凉的森林中。它深绿色的叶柄可长达1米，像漏斗一样从地面长出来。叶柄上是呈鳞片状的叶子，其孢子位于叶子下部。

鹰蕨

　　这种蕨类植物叶柄长度从50厘米到2米不等。叶子交错部分就像鹰的翅膀一样，所以得名鹰蕨。

你能找到蕨类植物的花吗？

　　蕨类和苔藓都是孢子植物，没有花和种子，靠孢子囊产生的孢子繁殖。童话中才有蕨花，在现实大自然中你肯定找不到它。

乔木和灌木

乔木在地球上已经有3亿多年的历史了，与灌木一起被统称为木本植物。木本植物的茎内木质发达，因为能多年生长，所以可以长得很高，并且茎的直径逐年增加。在木本植物中，从近地面丛生出枝干的一类是灌木；从根部生成独立的主干，并且树干和树冠有明显区分的则为乔木，日常生活中乔木类植物普遍被称为树。

树冠

树干

灌木没有明显的主干，出土后即进行分枝。

橡树的生命周期很长。

在树干的横截面上可以看到年轮。

历史的见证者

树木可以存活好几个世纪，如红豆杉（超过1000年）、松树（1000年）、橡树（800年）以及椴树（大概500年）。

惊人的高度

树木是地球上可以长得最高的植物。成年树木高度可达156米，大概跟50层的高楼一样高。树木不断向高处长，那是因为高处具备更有利的生长条件——充足的阳光，树叶可以更好地进行光合作用。

红杉长得很高，主要分布在北美地区，高度可达50~100米。

树木每年都会变粗

在树木漫长的生命周期内，树干每年都会变粗。树干皮下有特殊的形成层，每年活动产生年轮。春季生长出的木材颜色淡，而夏季以后随着形成层活动减弱，生长出的木材颜色较深，冬季则停止生长。砍伐的树木上可以清晰地看到深浅交替的年轮，通过年轮的数量可以很容易地确定树木的年龄。

研究木本植物的学科就是树木学。

树皮

树的表面覆盖着树皮。随着树木的生长，不同树种的树皮也会呈现出不同的特点。因此，我们可以通过观察树皮来识别树的种类。例如白桦树是黑色底上有白色树皮，而山毛榉的树皮是灰色、光滑的。

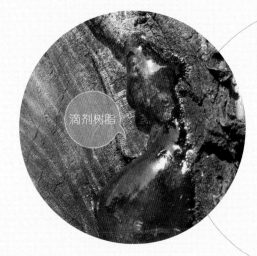

滴剂树脂

树脂

树皮可以防止树干失水变干。当树皮被割开时，树木会释放出一种树脂，密封住伤口。除此之外，树脂还可以保护树木免受害虫、真菌和细菌的侵袭。

白色的桦树皮

灰色、光滑的山毛榉树皮

树木形态或树木分类

从远处，我们可以根据树木的整体形态进行识别，植物学家称之为树木分类。从形态上区分树木是十分困难的，因为树木的一些特征会因为生长条件而发生变化。例如当树木独自生长时，它不会努力向上，因此会长得比较粗、矮。而在森林里树木比较密集时，它们就会为了获得更多的阳光而竞相向上生长，因此也就长得又细又高。

树木之间距离很近，长得高而笔直。

破裂的松树皮

松柏

松柏又名针叶树，这是因为它们的叶子细长，呈针状。大多数松柏都是常绿树，因此在冬季也是绿色的。春季会长出新的针叶，秋季不会掉落，针叶通常会留在植物上2年或者更久，这取决于其种类。但也有例外，落叶松就属于落叶植物，它的针叶会在秋天全部掉落。

典型的松柏纲植物包括松树、云杉、冷杉和落叶松。

树木形态

松柏呈向上生长状态，树冠通常很窄，树枝绕树干呈轮状生长。松柏树枝每年会形成一个螺旋圈，因此通过树上树枝的螺旋圈，我们就可以知道一棵树的年龄了。

冷杉的针叶

闭合的松球

张开的松球

松针

松柏的种类可以通过观察其针叶的样子，以及叶子在枝条上的生长形态进行识别。例如：有些树的针叶从一侧生长出来，有的则成簇长出来；有的针叶很长，有的则较短。另外，由于松柏树脂很多，所以你在森林里可以闻到它的气味，特别是在温暖晴朗的日子里。

松球

松柏没有果实，只有种子形成的松球。在潮湿环境下，松球的外壳会闭合，防止种子受潮。在干燥的环境中，松球的鳞片就会打开，种子可以依靠风进行传播。

不是所有的松柏纲植物都长松球。例如红豆杉的种子周围包裹的是红色的假种皮。

欧洲赤松

这是欧洲很常见的一种松树：其针叶细长，长在一起；未成熟的松球为绿色，第二年会变成棕色；树干底部树皮粗糙，呈暗棕色，为鳞状，顶端则较薄。

欧洲云杉

欧洲云杉主要生长在欧洲的中部和北部。其针叶尖而短，树枝看上去像是清洁刷；松球呈棕色，长而下垂，并且生长在树的顶端。

欧洲银冷杉

欧洲银冷杉有深绿色的针叶，比欧洲云杉叶子稍柔软。其球果挂在树枝上就像烛台上的蜡烛。当球果成熟后，松球的鳞片会分开，最后只留下松球的外壳在树上。大多数的欧洲银冷杉生长在山里，但主要在较低的山脉。

欧洲落叶松

欧洲落叶松是一种特殊的针叶树，因为在冬季之前，它的针叶就像秋季其他落叶树木一样变黄、落下。它的针叶十分柔软，年老的树枝上的针叶是一簇一簇的，年幼的枝条上的松针则分开生长。它的松球很小，一年内就可成熟，但会挂在树上好几年。

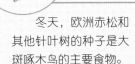

冬天，欧洲赤松和其他针叶树的种子是大斑啄木鸟的主要食物。

欧洲云杉的种子是红交嘴雀的一大美食。

星鸦正在觅食欧洲银冷杉和其他针叶树的松球。

落叶乔木

落叶乔木有各种形状扁平的叶子，与大部分针叶树不同的是，落叶乔木每年秋季树叶会变色并掉落，春天又会长出新的叶子。落叶会在地面形成厚厚的一层，腐烂后可以滋养土壤。

树木形态

落叶乔木树干和树冠分明，通常长得很高。树冠由主枝和很多侧枝组成。落叶乔木种类繁多，有粗有细，有高有低，形态也有规则和不规则的。

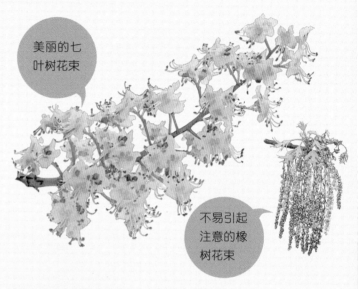

美丽的七叶树花束

不易引起注意的橡树花束

树花

不同落叶乔木的花差别也很大。例如：七叶树的花在春天不仅能引起人们的注意，也会吸引很多昆虫；橡树的花就不那么引人注目了，它的花靠风传粉。

树冠

落叶乔木通常长得比松柏要矮。

树枝

树干

树叶

几乎所有种类的树都可以通过其叶子进行识别。你需要仔细观察树叶的轮廓、尖端、底部以及叶脉分布方式。秋天，树叶会变色，这也是识别不同树种的重要方法。例如：红橡树的叶子会变成红色或棕色；桦树的叶子则会变黄。

秋季，黄色的桦树叶

秋季，红色的红橡树叶

夏橡

它是落叶乔木中最高的树种之一。夏橡叶片开裂，叶柄极短。橡子是松鸦和野猪的美食。松鸦经常会在地下埋藏橡子过冬，但之后它常常会忘记这件事，所以这些橡子在春天就从地下长出橡树幼苗。

垂枝桦

垂枝桦的树皮有着鲜明的特点：其树干底部树皮呈灰色，成层剥裂；上端呈白色和黑色图案。其叶子很小，呈三角状卵形。垂枝桦生长得很快，因此如果种植这种树，它很快就会生长起来。

欧洲山毛榉

欧洲山毛榉生长速度十分缓慢，但能长得高大雄伟。树干上的树皮光滑，呈银灰色。欧洲山毛榉的叶子呈卵形。其果实是坚果，果实外包裹有外壳，是野猪和鹿的食物。

小叶椴

小叶椴的叶子是卵形或圆形的。当它开花时，很容易识别：花小、黄色、花香浓郁，很容易招引昆虫。此外，它的寿命很长，果实小而圆。

夏橡的树叶和橡子

垂枝桦的树枝

蜜蜂正在小叶椴花束上采蜜。

一片风景如画的桦树林。

果实被包裹在有尖刺的外壳内。

夏天，人们可以在有着宽阔叶子的落叶林下乘凉，会有爽快的凉意。当然，晴天时落叶林里要比针叶林暗。

松鸦正在觅食橡子。

野猪很爱吃欧洲山毛榉果。

灌木与半灌木

灌木和半灌木都是木本植物，它们会发木质芽。半灌木一般高度为半米，灌木则相对长得比较高，能长到好几米。森林里的半灌木在最下面，灌木则高一层。植物的这种多层次生长方式为很多动物提供了栖息地和食物来源。

刺柏可以在干旱的土地上生长良好，即便是沙化和贫瘠的地方也可以。

刺柏生长缓慢，一般寿命很长，能活200多岁。

刺柏

这是一种针叶灌木，它的针叶在冬季不会落下。其针叶尖锐，叶序为轮生。刺柏的果实差不多要3年才能熟透，与蓝莓不同，它的未成熟浆果是绿色的，随后才会逐渐变成蓝色。

春天盛开的雄性欧榛花序。

欧榛

这种灌木可以长到6米高。它的花期很早，因此在长叶子前，你就可以看到其下垂的花序了，并且雄性的花序上有花粉。欧榛是一种靠风授粉的植物，也就是花粉会随着风进行传播。夏末，它的果实就会成熟，会有很多人到森林中寻找榛子。

不是所有的刺柏都能长出浆果，这是因为它是雌雄异株的物种，只有雌性的植株才会长出浆果。

稀少的榛睡鼠和常见的松鼠都十分爱吃榛子。

覆盆子

在森林里阳光充足、树木被砍伐的地方，覆盆子就可以自然生长。它长得不是很高，茎上面覆有小小的刺。一般在7月份，覆盆子就会成熟。人们可以在果园人工种植覆盆子，但森林里野生的更美味。

黑莓

这种多年生灌木具有匍匐向上的习性，拱形的茎上带有很多弯而尖锐的刺，所以很容易刺伤人。黑莓的果子开始是小而绿的，会逐渐变红，但仍然很硬，最后会变成藏青色，并且柔软多汁。黑莓要比覆盆子成熟得晚，一般会在8月份成熟。

越橘属

在阳光充足的松树林中，会生长很多越橘属植物，包括欧洲越橘（又称欧洲蓝莓）、越橘、笃斯越橘等。这类植物都属于半灌木，并且果实都可以食用。

> 欧洲蓝莓果实甜美多汁，食用后牙齿和舌头都会染上深蓝色。

帚石楠

这是一种十分吸引人的半灌木。它在夏末开花，通常会在8月份前后，开出一簇簇紫色的花。由于其花香十分浓郁，总能吸引很多蜜蜂来采蜜。帚石楠的花蜜呈棕褐色，香气浓郁。

> 覆盆子枝条存活两年，首年为绿枝，不结果实；次年结了果之后老枝逐渐死去，在原来的地方会长出新枝。

> 黑莓果子会逐渐成熟，这就是红色的和藏青色的黑莓会同时挂在树上的原因了。

> 越橘则会长红色的浆果，其味道是酸的，最好加工后食用。

> 笃斯越橘经常生长在森林潮湿的地方。它看上去最像蓝莓，果皮也是深蓝色的，但它的浆果汁是白色的，而不是深蓝色。

云莓

> 棕熊特别爱吃黑莓。

来自北方的近亲

在斯堪的纳维亚半岛，有很多结黄色果实的云莓。在波兰的北部，你也可以见到这种灌木。它和覆盆子一样属于悬钩子属。

注意！危险的包虫病！

切记，不可在森林里吃未洗过的果子，因为它们上面可能会有包虫卵，易患包虫病。包虫卵可能是随动物粪便而被带进森林的，主要携带者是狐狸。

从春季到冬季的花

大多数植物最漂亮的部分就是花朵了。所有的种子植物，即能产生种子的植物都会开花。开花后会长出种子，从而产生新一代。由于种子的存在，地球上大部分可以栖息的地方都会有植物生存。

花的结构

虽然世界上花的形态各异，但是大多数花的基本组成结构是类似的。请看下图：

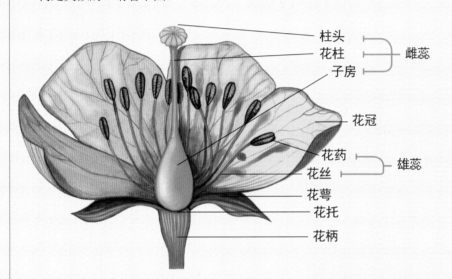

柱头
花柱
子房 } 雌蕊
花冠
花药
花丝 } 雄蕊
花萼
花托
花柄

雄蕊和雌蕊

花中最重要的两大部分就是雄蕊和雌蕊。雄蕊是花的雄性器官，它能产生授粉所需的花粉。例如当我们在春天闻郁金香花香时，鼻子上会沾上黄色的东西，那就是花粉。雌蕊是花的雌性器官，它能长出果实和种子，前提是花粉必须落到雌蕊上，这一过程就是授粉。

花粉是如何到达柱头上的？

传粉的方式有很多，例如风。当刮风时，花粉就会离开雄蕊，并随风进行长距离移动。花粉越多，到达柱头上的可能性就越大。借助风这种方式进行传粉的花，也叫风媒花。

车前的花就是风媒花。

也有一些花是靠昆虫进行传粉的，这些花就被称为虫媒花。当然，蜜蜂、黄蜂和蝴蝶等昆虫为花进行传粉不是没有原因的。这些虫媒花都有蜜腺，因此能吸引来那些要采蜜的昆虫。它们采蜜的时候身上就会沾上花粉，它们再把花粉带到其他柱头上。

花为什么会闭合?

除了吸引昆虫之外,花朵的花瓣还有另一项功能:当天气变为阴雨天,或者太阳落山时,花瓣就会闭合,从而保护雄蕊和雌蕊不受外部降雨和低温等不良因素的影响。

昆虫是如何找到鲜花的?

花朵能以各种不同的方式吸引昆虫。首先,它们的花瓣上会有特别的颜色和图案。除此之外,它们还会散发出特别的香味。颜色和气味作用于昆虫的感官后,昆虫自然就知道花朵在哪里了。

大自然的日历

春季,报春花开花。

夏季,小麦开花成熟。

秋季,板栗掉落。

冬季,番红花开花。

四季物候学

不是每年的3月20日或21日春分就是春天,6月21日或22日夏至就是夏天,9月22日或23日秋分就是秋天。这些日期只是日历上的日子。在自然界中,季节还取决于当地的地理位置,这就是我们要说物候学的原因了。有些年份如果温暖的日子来得较早,可能2月份春天就来了。有的年份要到3月份春天才到来。某地低处已经暖和时,山上可能仍有积雪。

观察植物开花的情况可以确定一年的季节。例如:当报春花开花的时候就是春季;当初夏来临的时候,小麦开花;当秋季来临时,板栗就成熟;当番红花开花的时候,就是真正的冬季了。

草本植物

草本植物在人类生活中一直发挥着重要的作用，包含了几千年来几乎所有重要的农作物。草本植物在世界上分布也很广，它们因为很容易适应各种极端条件，所以在不同的气候区域都有分布。

中空的草质茎

草本植物的结构很有特点，它们的茎叫作草质茎。草质茎被各个茎节分开，茎节内饱满，茎节之间是空的。正是因为这种结构，它们的茎非常有韧性。其狭长的叶子就是从茎节处长出来的。

不起眼的小花

草质茎的顶端就是草本植物的花序，草的花很小，很不显眼。它们靠风进行传粉，所以不需要吸引昆虫的注意力。它们没有色彩鲜艳的花瓣，但会产生大量的花粉以增加传粉的机会。谷物开花的时候，田野里谷物上的花粉会在风的带动下移动。对花粉过敏的人来说，这是一个痛苦的时期。草本植物的果实被称为颖果。

花序

草质茎

茎节

草质茎

谷物可以被用来磨成面粉，或者饲养动物。

草本植物的家族有超过10000种不同的物种。

草饲料

草本植物为畜牧业提供饲料，例如黑麦草、早熟禾、羊茅等。牛和羊这些反刍动物从春天到秋天都要在牧场吃草，即便是冬天，它们也要吃从草场上收割后晒干的草。

黑麦草的花序

燕麦的局部花序

主要的农作物

小麦	裸麦	燕麦	大麦

玉米

　　说到谷物储存量，玉米在世界上位列第一。它的植株高度可达2米，茎粗壮，顶端会形成花序。玉米用途广泛，可以磨成玉米粉，可以当蔬菜食用，也可以用作动物饲料。

水稻

　　水稻是世界上十分重要的一种谷物，世界上超过1/3的人以此为食。它的储存量在世界上位列第二。水稻主要生长在热带和亚热带地区，需要大量的水、热量和阳光。

甘蔗

　　用来生产蔗糖的甘蔗也属于草本植物，生长在热带和亚热带地区，高度可达6米。蔗糖就是从它的草质茎中提取出来的。

蔗糖

竹子——大型草本植物

　　这是一种多年生的草本植物，通常具有木质化的芽。竹子在热带和亚热带地区分布广泛。竹子中的一些种类生长速度惊人，每天可以长40~90厘米，大概两个月后停止生长，因此不难计算出这些竹子可达到的高度。竹子的用途也很广泛，可以用于建造房屋，生产家具、餐具、纸张、脚手架和栅栏等。竹笋还可以用作烹饪食材。

据估计，草本植物占全球所有植被的1/3还要多。

动物

　　麻雀、蚯蚓、苍蝇、狗、螳螂、白斑狗鱼、蟾蜍和野牛，都是动物界的代表，并且与包括人类在内的其他动物有着密切的关系。动物是地球上数量、种类最多的生物。它们有着复杂的身体结构，能够移动，却不能生产食物。动物以植物或其他动物为食。为了便于描述动物的物种，人们对其进行了更详细的划分，包括门、纲、目、科、属、种。

无脊椎动物

　　走在森林里，我们可以停下来，环顾四周，看看脚下，并且仔细观察世界上最大的动物群——无脊椎动物。虽然它们中的一些种类像外星人一样令人感到陌生，但是它们是地球上最古老的居民，有数亿年的历史了。让我们来了解其中的一些动物吧。

蜗牛、千足虫、潮虫

在潮湿的森林落叶层中你可以发现许多无脊椎动物，例如蚯蚓、蜗牛、潮虫和千足虫等。这些小动物都非常重要，它们吃腐烂的树叶、蘑菇、腐烂的木头和其他动物遗体，在大自然中扮演着重要的清洁工角色。

蜗牛的眼睛长在其较长的触角上，较短的触角是其嗅觉和触觉器官。

罗马蜗牛

森林葱蜗牛

罗马蜗牛

罗马蜗牛是较大的陆地蜗牛，它的壳直径接近5厘米，主要是灰色和棕色，会有较深的黑色条纹。身体覆盖的黏液，可以保护它免受轻微的伤害和擦伤。罗马蜗牛以植物碎片和藻类为食，它会先用粗糙的舌头从树干和石头上将食物刮下来。

森林葱蜗牛

森林葱蜗牛比罗马蜗牛小。在它的外壳上，你可以看到特有的棕色条纹和环绕壳口的棕色环绞。我们很容易在公园和森林的树篱上看到这种森林葱蜗牛，因为它喜欢在树干上爬行。冬天，它会挂在树上或藏在森林的落叶堆里。

蜗牛在潮湿的环境中感觉最好，对缺水非常敏感。如果太热或太干，它会用特殊的外壳盖盖住壳的出口。当它所在的环境湿度足够时，它会打开外壳盖，并重新开始活动。

慢吞吞

当我们观察蜗牛爬行时，会想起"像蜗牛一样慢"这句话。蜗牛以每分钟7~8厘米的速度移动，并会留下一层光亮的黏液。

雌性罗马蜗牛会在地面上一个特别的地方产很多卵，小蜗牛需要3年的时间才能长到和父母一样的大小。

千足虫

潮虫

千足虫

千足虫是无脊椎动物的代表。

千足虫被触碰后会迅速卷起来。

潮虫

潮虫是节肢动物，喜欢黑暗潮湿的环境。每只潮虫有七对足。其身体有甲壳覆盖，而头部有一对肘状触角。我们可以在森林落叶堆下、树木裂开的树皮下、腐烂的树干和石头下面找到它。它通常也是我们家中地下室的常客。

地下的蚯蚓

　　春季和夏季，地面上会出现很多小土丘，这是蚯蚓留下的。蚯蚓是环节动物的代表。它几乎一生都在地下活动，修建地下通道。它以各种残留的有机物为食（例如落叶），连同土壤一起吃掉，而未消化的食物残余物会以土块形式排出。

通常在温暖、潮湿的夜晚，蚯蚓会从地下爬出来，然后本能地寻找交配对象以繁衍后代。

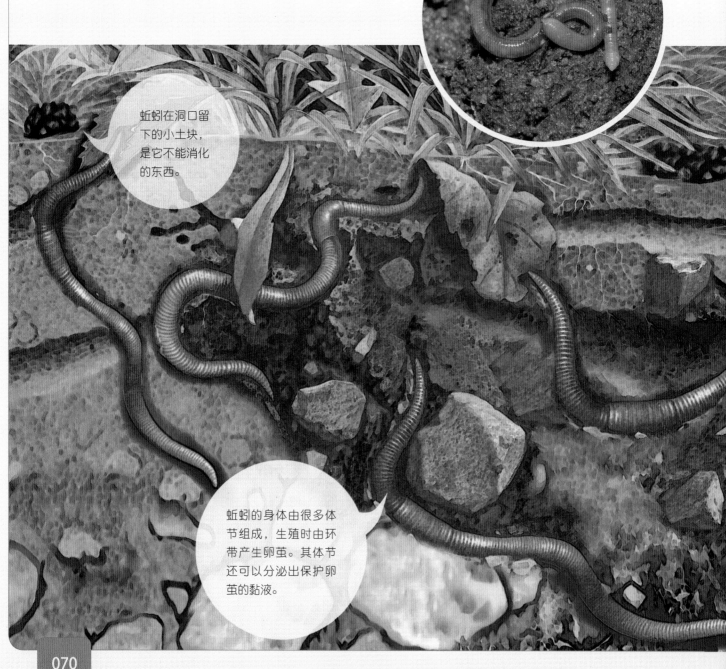

蚯蚓在洞口留下的小土块，是它不能消化的东西。

蚯蚓的身体由很多体节组成，生殖时由环带产生卵茧。其体节还可以分泌出保护卵茧的黏液。

头部在哪里?

蚯蚓没有独立的头。其身体前部比后部略细，前部有一个嘴孔。

蚯蚓移动时要收缩和伸展身体的体节。当它伸展时，身体会延长3倍。当它收缩身体通过土壤层时，它体节上生长的刚毛可以帮助其移动。

在完全黑暗的环境中

蚯蚓没有眼睛，但考虑到它的生活方式，这并不令人惊讶。视觉在地下通道中用不到。另外，它有非常发达的触觉，可以利用覆盖全身的敏感的神经细胞感受周围环境。

蚯蚓的身体由体节组成。

有时在多雨的天气里，你会看到几十条从地下爬出来的蚯蚓。它们离开地下通道是因为土壤太湿，隧道里有水，空气不足。

敲，敲——这儿有一条蚯蚓

蚯蚓在修建通道时会发出特有的声音，这使它容易遭受到鸟的攻击。鸟不仅能够在草地中发现蚯蚓，而且能够听到蚯蚓在地下发出的声音并进行准确的攻击。

除了鸟之外，喜欢吃蚯蚓并将其用于喂养后代的还有其他动物，例如鼹鼠和刺猬。

蜘蛛和盲蛛

　　如果有人把蜘蛛作为昆虫的一个例子，那一定是没有认真上自然课，因为蜘蛛不是昆虫。但是，它与昆虫一样属于节肢动物。而且，蜘蛛和盲蛛等形成一个独立的纲——蛛形纲。不同种类的蜘蛛的外观和大小不同，它们也有不同的习性和狩猎方法，但无一例外的是，它们都是捕食者。

蜘蛛的身体分为头胸部、腹部、毒腺和八条腿。虽然我们对其外表感到害怕，也担心被其咬伤，但是大多数蜘蛛对人类完全无害。

蜘蛛的腹部有特殊的像管一样的旋转体，称为丝腺。蜘蛛从中释放黏性液体之后，液体便立即在空气中硬化，并变得极具弹性。

蜘蛛网真是大自然的杰作。它精致、轻便、灵活，又有完美的松紧度，同时非常耐用。长久以来，科学家们一直在研究蜘蛛网，并试图在实验室中生产一种类似蜘蛛网的线。

蜘蛛丝可作为军用望远镜十字准线和防弹背心的材料。

蜘蛛网的黏性丝线

蜘蛛网中有一些丝线具有黏性。对蜘蛛的猎物来说，最不幸的事就是撞到上面去了。蜘蛛网的主人知道哪些线是干的，因此能在周围安全地移动，很快到达挣扎的猎物所在的位置。

首先，蜘蛛会用蜘蛛网包裹住昆虫，然后注入致命剂量的毒液。该毒液能杀死昆虫，也可作为消化液溶解昆虫的身体。蜘蛛不必再弄碎食物，只须透过昆虫的表皮吮吸里面的物质即可。

大多数蜘蛛是有益的，因为它们会捕捉并吃掉很多昆虫，包括植物害虫。一只蜘蛛在一生中可以吃掉近400只害虫！

十字园蛛

这个名字源于其背部有十字标志性图案。夏季的黎明，十字园蛛就开始在灌木或草丛之间结网。结网时，它的腿分得很开，头向下垂。

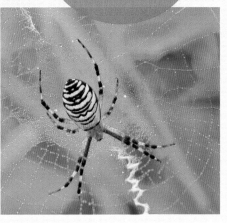

横纹金蛛

这种蜘蛛的网非常有特色，你不会将其与其他蜘蛛的网混淆。横纹金蛛在网的中间，织出垂直锯齿形图案。它特别喜欢待在草丛和沼泽地区。通常，蝗虫是横纹金蛛的猎物。

弓足花蛛

雌弓足花蛛要比雄性大得多。弓足花蛛是白色或黄色的，是唯一能够使自己的颜色适应花朵颜色的蜘蛛。但是，它不能像变色龙一样变化得那么快。雌弓足花蛛需要一段时间才能适应周围的颜色，使自己不被猎物发现。

盲蛛，不是蜘蛛！

盲蛛的腿很长很细，身体呈椭圆形，头胸部和腹部没有明显的分隔，只有一双眼睛——这是区分盲蛛和蜘蛛的关键。有的盲蛛会把蜘蛛当作猎物。

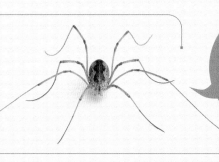

受到攻击的盲蛛可以放弃被固定住的腿，然后逃生。

昆虫

　　大多数昆虫都很小，但它们是世界上最强大的生物群体。它们的数量超过了其他所有动物。它们无处不在：陆地、水里，森林里、田地里、草地上、沙地里、植物中、石头下，乡村、城市，甚至我们的家中也有它们的影子。到目前为止，人们已经发现并记录了100多万种昆虫。而且，科学家们仍继续在世界各地寻找新的物种。

甲虫

世界上所有已知的动物中，有四分之一都是甲虫。这是一个极其多元化的大家族，它们几乎生活在地球上除海洋和冰川外的所有环境中。这些昆虫虽然一般看似笨重，但是拥有飞行技能。

通常，我们可以很容易地识别它：六条腿、一对分开的触角、强壮的下颚、坚硬的甲壳下面隐藏着膜质的翅膀。这就是甲虫！

瓢虫的食物是蚜虫——植物害虫，这就是一些瓢虫是非常有益的昆虫的原因。

瓢虫

瓢虫甲壳上的点数并不能告诉我们它的年龄，却能帮我们确定种类。最常见的瓢虫就是七星瓢虫了。它的名字不是偶然得来的，而是因为它两边红色的翅膀上各有3个黑点，头部下面有1个黑点，总共有7个黑点。

蛰伏

在冬天，你很难遇到甲虫。这是因为像大多数昆虫一样，它会进行蛰伏。为什么呢？因为昆虫自己不能产生热量，它需要借助太阳来提高体温。正是由于冬眠，它才能够度过一年中最寒冷的月份。它会藏在地下、树皮下或附着在树枝上等待温暖的日子来临。有些物种以幼虫或卵的形式冬眠，而其他的在冬季仍然以成虫蛰伏，例如瓢虫。

瓢虫受到惊吓后会从植物上落到地上，并长时间不动。与此同时，它的腿部会释放出带有刺激性气味的黄色液体。这是一种昆虫防御策略——假装死亡，并用化学武器吓跑攻击者。

瓢虫的幼虫除了也是狩猎蚜虫的捕食者外，一点儿也不像它的父母。它瘦长的身体呈蓝色，有黄色斑点。刚离开蛹后，幼虫完全是黄色的。一段时间后，它的外表才呈现出红和黑的颜色。

鳃金龟

成年鳃金龟在地下过冬。天气变暖后，它才会出去。特别是晚上，它都会飞出去。凸出的大眼睛使它能在黑暗中看清东西。白天，它以树叶为食。鳃金龟最喜欢的食物是嫩嫩的橡树叶。

欧洲深山锹（qiāo）形虫

在生长橡树的落叶林中，这种甲虫非常普遍，因为橡树是它最喜欢的食物。如今，随着橡树林越来越少，这种欧洲深山锹形虫也越来越少，所以它现在受到严格的保护。

象鼻虫

象鼻虫的"鼻子"很长，它可以用"鼻子"吮吸水果的汁液。雌性象鼻虫想要产卵时，也会使用自己的"鼻子"。

象鼻虫的身体上覆盖着小绒毛，特写镜头中的象鼻虫就像一个毛绒吉祥物。

雄性欧洲深山锹形虫的角很大，像鹿角一样。

鳃金龟的幼虫在地下生活，蚕食植物的根和芽。它的上颌非常强壮，同时也非常贪婪。

为了获得雌性青睐，雄性欧洲深山锹形虫会表现得像相扑选手一样，试图抓住对手的腰部并将其从树上推开。它为此会使用其强大的下颌骨，但只能提高一半的战斗力，前角在战斗中也是非常重要的。

在"鼻子"的帮助下，象鼻虫可以在橡子或坚果上凿洞，并将宝贵的储粮放在那里。发育中的幼虫将有丰富的食物。

雄性鳃金龟的触角令人印象深刻——非常大，看上去像一撮小胡子。

蝴蝶

没有哪种昆虫能像蝴蝶一样获得人们如此多的欣赏与赞叹了吧！人们常将蝴蝶与花儿、温暖、阳光联系在一起。它们色彩鲜艳、轻盈细腻，除了少数特例外，它们不会刺痛人。我们对其破茧成蝶的过程感到惊奇。鳞翅目动物有成千上万种，在白天飞行的多为蝴蝶，在夜间飞行的则多为飞蛾。

敏感的触角

蝴蝶的触角不是它的耳朵，而是充当鼻子的作用。蝴蝶可以通过触角识别气味。

彩色的代码

蝴蝶翅膀上的图案是数千种颜色和形状的组合。其中一些图案有特殊作用——用作伪装或警告。

小红蛱蝶

金凤蝶

花的气味可以吸引远方的蝴蝶。

蝴蝶飞翔时将翅膀展平，休息时则将翅膀立起来。

大蓝蝶

孔雀眼

蝴蝶翅膀上的大斑点看起来就像是孔雀的眼睛。尽管攻击者通常会伤害蝴蝶的翅膀，蝴蝶有时却能借助自己的特征成功躲开攻击者的袭击。令人震惊的是，蝴蝶会向攻击者展示它的"眼睛"，让攻击者误认为它是一个庞然大物。

大眼睛

蝴蝶头上有两只复眼，可以区分明暗，分辨形状，甚至区分颜色。

蝴蝶的吸嘴

蝴蝶以花蜜为食，通过长长的吸嘴吸取。它的吸嘴类似于细管，可以吸入甜味营养液。当不使用吸嘴时，它会将其卷在头的前部。

孔雀蛱蝶

橙灰蝶

翅膀上的鳞片

蝴蝶翅膀的颜色取决于翅膀上像屋顶瓦片般覆盖的小鳞片。鳞片具有各种形状和尺寸，还有天然色素。这些色素来自为蝴蝶幼虫提供营养的食物。

非凡的转变

一只成年蝴蝶在飞到空中之前，经历了很大的变化。这个变化过程漫长而又复杂，但非常迷人。幼虫或毛毛虫从一个小小的卵孵化出来，它看起来一点儿也不像转变后的样子。毛毛虫的全部时间都在食物上度过，它以植物为食，直到准备好变化为蛹。过了一段时间后，一只蝴蝶就从蛹中出现了。在某些物种中，一次变态发育的整个周期可能需要数周的时间。

毛毛虫的身体是由不同的部分组成的。前面有一个头，并且有下颌骨和腺体，毛毛虫能从中抽出丝线。身体的前面部分有类似于爪子的前足，后面部分的伪足可以帮助毛毛虫移动。

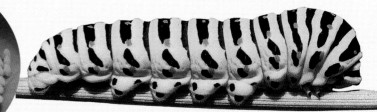

小小的卵

蝴蝶通常在叶子的下面产卵，例如菜粉蝶就在卷心菜叶上产卵。这样，卵就不容易被其他动物发现。 当毛毛虫从卵中孵出后，马上就有充足的食物。

当毛毛虫不断长大时，覆盖它身体的薄层就像一件衣服一样会变小，此时它会用丝线将薄层粘在植物上，然后将其脱去。正是由于这样，它可以再次吃东西并成长。这个过程会重复很多次。

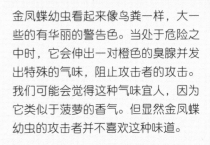

毛毛虫的伪装

毛毛虫没有时间四处观察天敌，但有特殊的防守战术：伪装。有的通过拟态模仿所吃植物的颜色，有的身上带刺或细毛。这些特征在警告潜在的攻击者：吃毛毛虫会是一次不愉快的经历。

毛毛虫会怎么办？

恐惧中的象鹰蛾毛毛虫会像气球一样摇晃脑袋。毛毛虫吸入空气后头部会增大，所以看起来比实际大很多。

金凤蝶幼虫看起来像鸟粪一样，大一些的有华丽的警告色。当处于危险之中时，它会伸出一对橙色的臭腺并发出特殊的气味，阻止攻击者的攻击。我们可能会觉得这种气味宜人，因为它类似于菠萝的香气。但显然金凤蝶幼虫的攻击者并不喜欢这种味道。

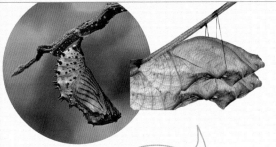

蛹的悬浮方法非常特别。有的蛹垂下头，有的水平地附着在叶子或树枝上，还有的则平躺在地上。

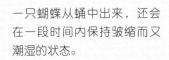

只有当翅膀完全伸展，变得干燥和强壮时，美丽的蝴蝶才能飞走。

此时毛毛虫的最外面不是薄薄的一层，而是一个比较厚、颜色较暗的蛹。这也是整个变化过程中最不寻常的一部分。

一只蝴蝶从蛹中出来，还会在一段时间内保持皱缩而又潮湿的状态。

蝴蝶会变老吗？

成年蝴蝶的寿命通常非常短暂，胡麻霾灰蝶只能活3天。蝴蝶的标准寿命达6周，但真正长寿的蝴蝶很少见。长寿的钩粉蝶，可以活5个月。怎样才能知道蝴蝶的生命是否正在慢慢地结束？可以观察它的翅膀，年老的蝴蝶的翅膀通常会有褪色和磨损现象。

破茧成蝶

观察一只蛹破茧成蝶的过程绝对是一次非凡的体验。为了能够看到这个过程，你必须从黎明开始就待在现场，因为蝴蝶通常在一天的清晨破蛹而出。茧逐渐破裂，被成虫从内部推开。首先出现蝴蝶的头部，然后是腿部和触角。过了一会儿，翅膀出现了，最后是腹部。

飞蛾

飞蛾也属于鳞翅目，是夜行性动物，它们中的大多数只在黑暗中才活动。飞蛾的颜色以棕色和灰色为主。通常，它们不像自己的昼行性近亲蝴蝶一样令人印象深刻。这些特征都是为了使其在白天休息时不会被发现。飞蛾通常隐藏在树皮上或枯叶中，也不会被注意到。如果不是因为它们的夜行习惯以及隐蔽的颜色，它们很可能会比蝴蝶更容易被我们观察到，因为它们的种类更多。

即使是那些色彩斑斓、白天活跃的飞蛾，你也可以将其与蝴蝶区分开来。它们休息时，会将翅膀平放在身体上或将较大的前翅叠放在较小的后翅上，仿佛屋顶重叠的瓦片。

所有的飞蛾都是变温动物，它们的体温随环境温度而变化，因为它们自己不能产生热量。飞蛾在阳光下一整天都会升温，身体上覆盖的一层厚厚的毛有助于其在夜间保持热量。

飞蛾的触角没有明显增厚，但它们呈现出各种各样的形状：栉齿状、线状、羽状。

夜行性的飞蛾具有灵敏的听觉和嗅觉，因此即使在完全黑暗的环境中，它们也能顺利地活动，找到食物并避开障碍物。

为什么飞蛾会飞向有光的地方？

现在人们还不完全清楚为什么飞蛾会飞向光源。一些研究人员认为，它们将人造光与月光混淆了，因为它们靠月光进行定位。另一些人则认为灯具的明亮光线使飞蛾和受惊的昆虫丧失了方向感而碰撞高温的灯泡，而高温通常会使它们死掉。

注意！还有一些飞蛾（而且相当多），它们在白天活动。这些昼行性飞蛾的色彩和图案并不逊色于蝴蝶。

颜色漂亮的飞蛾有星斑蛾、翠绿斑蛾等。

美丽的豹灯蛾。

丝绸工厂

有一种飞蛾深受重视，人们甚至为其建立了养殖场，那就是蚕蛾。这种飞蛾的毛毛虫能产生非常精致的线。它会变为成虫从茧中出来。人们收集蚕茧并纺织出丝线，这种丝线可以织出一种精致、有光泽的面料——丝绸。

蚕茧

丝线

进食的蚕

桑蚕丝

赭带鬼脸天蛾

赭（zhě）带鬼脸天蛾属于天蛾科，是在欧洲发现的最大的蛾，名字源于其身上的图案。

蜻蜓

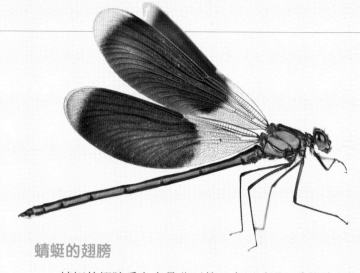

蜻蜓是昆虫中最好的飞行员，能够在飞行过程中平稳地操控身体：立即改变速度和方向，悬停在空中，甚至向后飞行。蜻蜓是捕食者，以昆虫为食。捕食前它会用眼睛观察，视觉非常敏锐。仔细观察蜻蜓时，我们会看到它的复眼几乎占据了整个头部的一半。

蜻蜓的翅膀

蜻蜓的翅膀看上去是分开的，大而透明，脉络清晰。每只蜻蜓有两对翅膀。不同的是，豆娘的两对翅膀几乎完全相同，而蜻蜓的后翼底部较宽。

身体较小的蜻蜓一般不会离开水面，只有那些身体较大的才敢冒险飞到陆地区域。

豆娘主要以小昆虫为食，但有时蝴蝶和甲虫也是它的猎物。

黑色蟌(cōng)是身体较大的豆娘，雄性身体为墨绿色，有金属光泽，翅膀为绿色，翅脉为黑色。雌性则有绿色的眼睛。

蜻蜓的领地

大多数种类的蜻蜓的领地都位于水面上方，蜻蜓不断地巡视并维护自己的利益。皇蜻蜓非常喜欢居住在植被密集的池塘和湖泊区域。

空袭

蜻蜓不会为猎物设置陷阱，也不会隐藏起来。蜻蜓是捕食者，它会在一个合适的地方观察周围的环境，寻找到美食时就会追逐，并从空中发动进攻。其他昆虫一不小心就会死于其攻击。

蜻蜓的每只复眼都由上万只小眼组成，这些小眼一起形成事物的图像。正是由于这种眼部结构，蜻蜓几乎可以看到头部周围的一切。

雌性蜻蜓喜欢待在远离水源的地方，例如森林附近，它在那里更容易获取食物。但它也会飞到水边，把卵产在水生植物上或者水里。

每一只蜻蜓的生命起点都离不开水。

蜻蜓的生命周期

从卵里刚孵出来的幼虫，叫作若虫。在若虫变为成虫之前，它会经过几个月到几年的时间。在这段时间里，幼虫要经历十几次蜕皮，即脱掉之前长出来的旧壳。

蜻蜓幼虫不是无助的幼儿，而是贪婪的掠食者，以小水虫及其幼虫，甚至小鱼和蝌蚪为食。

最后，幼虫在脱离外壳前，会吐丝将自己固定在水生植物水面以上部分的茎干上，然后摆脱外壳、展开翅膀，像学习过飞行一样飞走了。

苍蝇和蚊子

　　提到苍蝇和蚊子，没有人会喜欢它们。它们无处不在，入侵性强，也可能很危险，因为它们携带致病病毒和细菌。所以，人们研究各种方法来保护自己免于与这些昆虫的接触：制造各种陷阱、将网状物钉在窗户上、将蚊帐挂在床上、喷洒驱虫液。但是，这些都无法完全阻止它们。

苍蝇的生命只有4周左右，但它在这段时间内能产几百个卵，进而孵化出下一代。

苍蝇没有下颚，所以不能嚼碎食物，但它有能吸取液体食物的口器。当它想要吃一种固体食物时，首先要用唾液将其溶解。

家蝇

　　一到温暖的日子，家蝇就会出现在我们的家中。它不会咬人或使人感到刺痛，但它的存在令人厌恶，因为它喜欢的地方都有很多细菌。它任何地方都去——垃圾堆、粪便等。当到我们的家中时，它就开始四处找好吃的东西，并留下腿上带来的东西——细菌和寄生虫。

家蝇在晚上休息，但白天也会休息一小会儿。

杂技演员

　　苍蝇可以在任何表面上行走，即使在十分平滑的玻璃上也可以倒立！为什么呢？在苍蝇的脚上，有爪子可以钩住物体表面的微小不规则处，还有黏毛可以牢牢地粘在上面。

蚊子

　　蚊子与苍蝇很相似，大多数以花蜜和其他植物汁液为食。但有些种类的蚊子喜欢血液。只有雌性蚊子需要动物和人的血液，雄性蚊子不咬人。

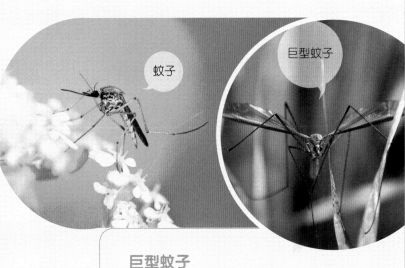

蚊子

巨型蚊子

蚊子吸食液体食物——蔬菜汁或大型动物的血液，这就是为什么它的嘴巴为刺吸式口器。

一只雌性蚊子一次吸入的血量比它的身体重三倍多。

被蚊子咬后并不是很痛苦，但是被雌性蚊子吸血的地方会痒，并出现红色疙瘩。

巨型蚊子

　　我们在看见巨型蚊子后常常会在恐慌中逃离。它的眼睛大而凸，双腿又长又细，翅膀狭窄，头的前部让人想起蚊子扩大的口器。但没有什么可害怕的，这种蚊子虽然看上去很喜欢吸血，但是完全无害。它只喜欢植物的汁液。

蚊子的生命周期

　　雌性蚊子会在水中产上千个卵。卵首先形成幼虫，在几周后变态发育成蛹，然后再过几天后变成成虫。

蚊子的幼虫需要呼吸空气。它用一个类似吸管的特殊管状结构透过水面吸入空气。

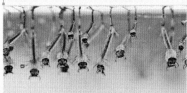

蚊子需要水才能繁殖后代。一个池塘、一条沟渠或一个水坑就能满足它们的需要。

蜜蜂

  蜜蜂属于社会性昆虫。它们生活在被称为蜂群的大家庭中。它们很忙，一生的时间都在花丛中采集花蜜并加工成蜂蜜。通过这种方式，它们为家庭提供食物，从而获得生存。蜜蜂还在执行一项更重要的任务——为花朵授粉，正是由于它们，有些植物才能繁殖和结出果实。

蜜蜂身体由头部、胸部和腹部组成，覆盖有微小的绒毛。头部略呈三角形，有触角和复眼。

蜜蜂的胸部长有三对足和两对翅膀。其内部器官长在腹部，包括心脏以及产生毒液的囊泡。

一群工蜂一直围着蜂后，喂养它、照顾它，并在它产卵时陪伴着它。

当工蜂用分泌的黏液封住蜂巢内的小巢房后，幼虫会慢慢变成蛹，最后变为成年蜜蜂。

蜂后比其他蜜蜂大。它的腹部明显更长，翅膀更短，头部更圆。

组织

  蜜蜂家庭是完善的组织，每个成员都有固定的位置和相应的任务。在家庭中，蜂后是最重要的，只有它可以繁衍更多的蜜蜂——雄蜂和工蜂。工蜂负责收集花蜜，照顾蜂后和幼虫，修建、修复蜂巢，并在危险的情况下保护蜂群。雄蜂不会收集花蜜，也不会照顾蜂后的后代。而且，它也没有毒液和蜂刺。雄蜂的任务只是与蜂后进行交配。

蜂房

　　人们很久之前就已认识到蜜蜂劳动带来的好处，所以世界各地都有蜜蜂养殖——在木制房屋、树林里，甚至在竹竿上。蜜蜂通过劳动为我们提供美味的蜂蜜和有益健康的蜂胶。

触角是非常重要和敏感的器官。蜜蜂用触角接触并检查遇到的物体并感受其气味。它们通过气味识别家人、鲜花和水源。

为了从花中采集花蜜填充蜂箱，每只蜜蜂要飞行数千次。蜜蜂通过腿将花粉运送到蜂巢里。

离开蜂房

　　如果一只工蜂从蜂房出去后发现新的食物来源，会立即通知其他工蜂。它会表演特别的舞蹈，来向其他工蜂指明要去采蜜的方向。

黄蜂、黄边胡蜂和熊蜂

黄蜂与蜜蜂相似，生活在蜂群中，建造蜂巢孵卵，并养育后代；努力地从花中采集花粉，并长有螫针。那么，如何区分黄蜂与蜜蜂呢？黄蜂并不像蜜蜂那样毛茸茸的，它们的腹部有明显的黑色和黄色条纹，腰部明显更细——这也是"黄蜂腰"一词的来源。

黄蜂头部

黄蜂的螫针不会留在猎物的身体中，所以可以反复使用。

黄蜂工蜂喂养幼虫并覆盖巢房开口。

蜂后在巢房内产卵，卵发育成幼虫。

黄蜂的巢通常隐藏在地下，例如啮齿动物废弃的洞穴；或在黑暗的凹处中，包括房屋的屋顶下、阁楼上或丛林中的树上。

纸质巢房

黄蜂用木材作为建筑蜂巢的材料。黄蜂会用颚咬木纤维，并将它咬成糊状。通过这种方式，黄蜂就利用木头和唾液制造出了一种纸浆。黄蜂每天在巢穴中轮流建造巢房，幼虫在这样的房间里完成变态发育。

黄边胡蜂是捕食性昆虫，以其他昆虫为食，并将其喂养给幼虫。进食之前，它们会把食物弄碎。

最常见的熊蜂腹部有一条白色条纹。

黄边胡蜂

　　黄边胡蜂是欧洲最大的胡蜂。人们认为它们是非常活跃和危险的昆虫，有很多关于被它们刺痛的传说，但这并不完全正确，黄边胡蜂并没有什么侵略性，也不会毫无理由地进行攻击。然而，它们总是激烈地捍卫巢穴，并使用螯针。

熊蜂

　　熊蜂是蜜蜂科的一类。雌性在其家庭结构中占有最重要的地位。它们经常会在地下修建巢穴。熊蜂跟蜜蜂一样，非常有用，白天能为上千朵花传粉。它们长得很大，并且长有浓密的细毛，不同熊蜂身上的颜色也不一样。

黄边胡蜂的巢似黄色或黄褐色的纸球，最好远远地避开它。

温柔的巨人

　　憨厚、毛茸茸、长着大翅膀的熊蜂并不擅长飞行。它们有点儿笨重，当它们飞过的时候，我们会听到一种阴沉的嗡嗡声。也许这就是我们害怕熊蜂，并且想躲避它们的原因。虽然它们会发出很大的嗡嗡声，但是它们其实很温柔。只有当我们把它们攥在我们手中或踩在它们上面时，它们才会刺人。

比蜜蜂更厉害

　　熊蜂能获得其他蜜蜂无法获得的花蜜。熊蜂有一个长长的舌头，通过它可以吸到深藏花朵底部的营养丰富的花蜜。

蚂蚁

在世界上，昆虫学家或昆虫研究人员已经发现并记录了上万种蚂蚁。这些微小的生物属于社会性昆虫。它们有一个大家庭，每只蚂蚁都为整个家庭的利益而工作。它们是优秀组织和完美合作的典范。另外，勤奋是蚂蚁最突出的特征。在这方面，只有蜜蜂可以与它们媲美。

同一个蚁穴的蚂蚁大小不同，其中兵蚁的身体是最大的。它有更大的头和更发达的上颚。

蚁窝

蚁窝通常是由松针、树皮碎片、枯叶和其他材料构成的隐蔽的地下多层室内和走廊系统。蚂蚁在窝里面要经历全面变化——从卵到成虫，它们还在里面储存食物越冬。

工蚁的任务是寻找食物和修筑蚁窝。

兵蚁的使命是守卫蚁丘，击退袭击者。

最小的蚂蚁则充当保姆和清洁工的角色，负责照顾蚁后以及维护蚁窝内的秩序。

蚂蚁以小昆虫及其幼虫为食，它们还会在蚁窝里储藏食物。

发达的上颚使蚂蚁能够捕捉、携带并咀嚼食物。

气味信号

蚂蚁可以在气味的帮助下进行交流。它们走路时，会在经过的路上留下气味，之后就可以很容易地回到蚁丘。它们还会带回食物的味道，因此其他的蚂蚁就可以知道附近有什么美味。

甲酸

在蚂蚁的腹部有一个产生甲酸的腺体，这种甲酸具有特殊的刺激性气味。蚂蚁通过将下面的腹部卷起来，可以准确地向攻击者发射甲酸。用甲酸喷洒对手，可以有效地阻止对手的攻击。

如果两只蚂蚁用触角相互接触，就意味着它们在传输气味信息。

蚜虫

蚂蚁非常喜欢蚜虫，因为蚜虫会产生一种甜蜜的液体，叫作蜜露。为了得到蜜露，蚂蚁会保护蚜虫。蚜虫从中得到了什么？保护。蚂蚁已经准备好为了食物而保护蚜虫，抵御蚜虫的天敌，例如瓢虫。

在波兰的森林里，最常见的就是红蚁了。

蚂蚁以小昆虫、幼虫、花蜜和喜爱的蜜露为食。

螽斯、蝗虫和蟋蟀

这些虫子生活在花园里、草地上、牧场上和田野里，我们也会在灌木丛中遇见它们。螽（zhōng）斯、蝗虫和蟋蟀虽然看上去明显不同，但是经常被混淆并错误地命名。螽斯多为绿色，它们用很长的后腿在植物之间跳跃。蝗虫呈绿褐色或绿灰色，并有管状的短触手。蟋蟀是深色的，所有的腿长度几乎相同，因为它们要在地上跑。从春季到夏末，它们会为我们献上免费的音乐会。

在草地上玩耍

螽斯、蝗虫和蟋蟀可以发出非常广泛和多样化的声音，其他昆虫都无法与其技能相媲美。它们每种类型都有自己特殊的曲目，有些声音类似咆哮声，有些像是打响指的声音，还有一些像是咬合或摩擦牙齿的声音。目前还不知道在昆虫世界中，它们是否是在奏出优美、愉快的音乐，但是雌性蝗虫对此感到高兴，并且在听到这些声音后与雄性进行交配。

绿螽斯

你不需要描述它是什么颜色，因为它的名字已经告诉我们了。值得注意的是，它的触角比身体还要长，最后一双腿比前两双更长、更结实，用于跳远。它的翅膀也很长，令人印象深刻，长在腹部。

螽斯的头跟马头的形状很像。

螽斯

螽斯的前腿上有它的听觉器官。

螽斯的食谱

大型螽斯，如绿螽斯，主要以其他昆虫幼虫和毛虫为食。

马铃薯叶甲的幼虫

音乐家

雄性蝗虫的声音短促，它们用后腿擦拭自己的翅膀，这样一场真正的音乐会就在草地上上演。有趣的是，蝗虫演奏的旋律依赖于天气，它们会根据环境温度改变节目。而且，雄性蝗虫宣示其领地或吸引雌性时，表演的节目也不相同。一些蝗虫的声音需要很近的距离才能听到，但有的在几十米范围内都能听到很响亮的声音。

蟋蟀会演奏出"唧唧吱"的音乐声。

野蟋蟀

野蟋蟀是孤独者，最早在春天就能听到它的声音。它们身体比家蟋蟀大，黑得油亮，前翅底部饰有黄色。雄性野蟋蟀在地上挖洞，并在洞口利用自己持续的歌唱声吸引雌性的到来。

蝗虫

蝗虫要比螽斯小，而且身体颜色也不是那么鲜明，触角也更短。蝗虫的个体种类很难识别，因为它们的结构差异实际上并不明显，同一物种的个体之间的颜色也可能不同。昆虫学家只有在听到它们发出的声音之后才能准确识别蝗虫的种类。

家蟋蟀

家蟋蟀与野蟋蟀相比较，颜色更鲜亮。家蟋蟀不怕人，更喜欢在建筑物内温度适宜的地方安家，例如面包店和游泳池。

蝗虫

野蟋蟀

蜕皮

螽斯、蝗虫和蟋蟀要想不断长大，一段时间后就必须蜕掉身体外表的一层皮。这一过程叫作蜕皮。蟋蟀在地下洞穴里蜕皮，蝗虫和螽斯则会把蜕下的外壳留在植物上。

蝗虫是很多动物的猎物，例如鹳、田鼠和横纹金蛛等。

跳跃纪录冠军

螽斯可以飞，但更喜欢跳跃。蝗虫也喜欢跳，并且是冠军选手，可以跳相当于自己200倍体长的距离。也就是说，一只2厘米长的蝗虫一下子就能跳4米远。

蜕去老化的外壳也叫蜕皮。

鱼类

　　鱼类大约4亿年前出现在地球上，它们属于脊椎动物，并完全适应了水中生活。它们的身体呈流线型，鳍使它们可在水中游动，鳃使它们可以在水下呼吸。鱼是冷血动物，这就意味着它们身体的温度随周围环境而变化。鱼类有不同的形状、颜色、大小和生活方式。在它们当中，有积极捕食的食肉鱼类，也有杂食和食草鱼类。地球上大部分的水中都生存有鱼类，它们有的在海水中畅游，有的生活在严寒的极地或热带的河流中，还有的则出现在池塘或海底深处。

鱼类——游泳能手

　　鱼的身体结构使它们能完全适应水中的生活。它们游得又好又快，因为它们有流线型的身形、鳞片、附着黏液的皮肤以及鳍。由于鳃的作用，它们可以呼吸溶解在水中的氧气。

鱼类是最大的脊椎动物群体。世界上大概有20000种硬骨鱼。

鳟（zūn）鱼

尾鳍

背鳍

鳃

侧线

臀鳍

腹鳍

胸鳍

精巧的游泳者

　　鱼的进化发展已经使它们自身有了很多变化，以保证其能快速灵活地游泳。大多数鱼的身体都是细长的，因为这样可以尽量减少水的阻力。鳞片和皮肤黏膜也可以减小水的阻力。鱼在游泳时，会将身体和尾巴左右摆动。这是因为它们需要通过胸鳍、腹鳍和背鳍来控制其位置，保持平衡。尾鳍则是在鱼游泳时起到控制方向和推进的作用。

比目鱼

　　并非所有鱼的身体都是纺锤形状。例如在海底生活的比目鱼，顺着一边躺下后，身体非常平坦，不对称；一双眼睛在头的上部，身体朝上的一侧是暗色的，以防引起捕食者的注意；身体朝下的一侧为白色。

在水下呼吸

　　如果不是具有在水下呼吸的能力，鱼类就不可能成为海洋的统治者。它们可以利用鳃呼吸溶解在水中的氧气。鱼不能直接吸入空气，它们需要将水吸入鳃内。在鳃中，水中的氧气会被吸收，水则会流出去。

鳗鱼的身体呈长蛇形，这使其可以穿过洞穴等寻找食物。

鳗鱼

比目鱼

鱼的颜色

许多鱼种面临着来自其他鱼种以及鸟类和哺乳动物的威胁。因此，它们形成了与周围环境类似的保护色，例如河鲈的身体上具有垂直条纹，使其难以在水生植物中暴露。这是面对食肉动物的一种伪装方式。鱼还可以根据环境的变化而稍微改变自身的颜色。

鱼的感官

鱼类已完全适应它们的生活条件。那些在白天活跃的鱼类，例如白斑狗鱼，视力很好。而那些在夜间觅食的鱼类（如鲇鱼或鳗鱼）或水深处的鱼，一般都有很好的嗅觉和听觉。

研究鱼类的学科被称为鱼类学。

鱼的一种器官可以在深水中帮助其确定方向，被称为侧线。

水族动物饲养

水中世界一直让人们很着迷。因此，水族动物饲养成了很多人的爱好，即在家里的水族箱中饲养小鱼。你可以建立一个水族馆，其中饲养鱼和淡水植物，或海洋动物和海洋植物。

鱼鳔

鱼可以利用鱼鳔调节游泳的深度。当鱼改变停留深度时，鱼鳔随着空气增大或缩小。自然界里只有鱼类才有这个器官。但是，许多底栖鱼类的鱼鳔已经消失了，例如比目鱼。

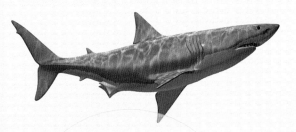

鲨鱼没有鱼鳔，所以为了不沉下去，它只能一直游动，就像空中的飞机一直飞一样。

鱼类不仅面临着来自其他捕食性同类的威胁，还面临来自爬行动物、鸟类和哺乳动物的威胁。

灰熊正在捕食三文鱼。

水游蛇

燕鸥

水獭

深海、湖泊和河流的居民

鱼是生活在全球所有水域中的水生动物，淡水与海水中都有。它们中的一些是定居物种，另一些是迁徙物种。例如：三文鱼在海水中生长，到淡水中产卵；鳗鱼则是在淡水中生长，到海洋中产卵。

鱼一般每年产卵一次，但有一些物种每年产卵数次，也有的鱼一生只产卵一次，如鳗鱼和鲑鱼。

产卵

一条成年鳗鱼正返回到它的出生地。

产卵

我们把鱼的繁殖期称为产卵期。这个名字源于鱼类这一时期的行为特征。雄鱼与雌鱼从侧面到尾部相互摩擦。在此期间，雌鱼排卵，而雄鱼则排出精子，这样就发生了受精。通常，鱼类不照顾它们的后代。为了增加生存的机会，它们的产卵量巨大，例如雌性河鲈可以产约30万个鱼卵。

迁徙的鳗鱼

这种鱼不是在欧洲水域出生的。它来自大西洋的马尾藻海，随着墨西哥暖流一起移动，然后进入欧洲水域，在这里一直活到成熟，然后会回到马尾藻海产卵并在疲惫中死去。

欧洲鲇鱼是少数会照顾后代的鱼种之一。雌鱼躺在植物上产卵，雄鱼则守护着它，直到后代全部被孵化出来。

红鱼子酱——餐桌上的罕见品——是用三文鱼卵制成的。

鲤鱼

鲤鱼来自亚洲河流，是杂食性动物。它吃植物和小动物，主要以昆虫幼虫为食。它在水底捕食，湖泊中有许多养殖品种。除此之外，还有野生鲤鱼。

白斑狗鱼

白斑狗鱼生活在淡水中，白天贪婪地捕猎食物，主要吃鱼，有时还吃青蛙、鸟类和小型哺乳动物。它可以吞食另一条相同长度的白斑狗鱼。雌鱼能产下超过20万个卵。成年鱼长1～1.5米，体重15～20千克，生长速度非常快。

鲈鱼

鲈鱼生活在河流、溪流、湖泊、海湾中，颜色的变化取决于栖息水域的环境。鲈鱼属于掠食性鱼类，白天能进行长距离捕猎活动。它比白斑狗鱼要小，体长30～50厘米，体重约1千克，生长缓慢，30厘米长的河鲈通常在15岁左右。

丽脂鲤是鲤鱼的一种养殖品种。

白斑狗鱼在观察。

在河鲈身体的两侧可以看到明显的垂直条纹，而其腹鳍、臀鳍和尾鳍则呈鲜红色。

在亚洲，锦鲤是一种养殖的观赏性鲤鱼品种。

白斑狗鱼的下颚有很发达的圆锥形牙齿。

白斑狗鱼的皮肤上有亮亮的斑点。

垂钓是一种非常流行的休闲方式。

两栖动物与爬行动物

　　两栖动物与爬行动物属于动物界。这两类动物大多在黑天或阴雨天活动。幸运的是，我们大多数人都能亲眼看到青蛙，但蜥蜴或蛇就不是那么容易能看到了。对此我们只能深感遗憾，因为两栖动物和爬行动物真的很迷人，同时也很有用。

两栖动物还是爬行动物？

两栖动物

当你有空闲时间想去散步时，就去附近的水库观察观察两栖动物和爬行动物吧。但在你开始寻找这些冷血动物之前，一定要收集有关它们的栖息地、生活习惯和生活方式等重要信息。通过对这些动物的重要特征和行为进行比较，你将学会如何区分它们。

大多数两栖动物的皮肤光滑湿润。这些两栖动物不会改变这种皮肤状态。而一些两栖动物，如蟾蜍，皮肤上面覆有毒腺。

青蛙的骨架

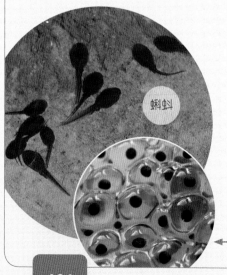

蝌蚪

幼小的两栖动物

两栖动物在出生时，看起来并不像它们的父母。

两栖动物的卵没有坚硬的外壳，但它们有凝胶层的保护。

两栖动物，即便是那些在陆地上度过生命中大部分时间的种类，也会在水中繁殖后代。

共同特点

　　两栖动物和爬行动物的身体内都有骨架，所以它们是脊椎动物。而且，这两类动物都是冷血动物，这意味着它们的体温取决于周围环境的温度。在最冷的日子里，两栖动物和爬行动物都会藏到地下或其他安全的藏身之处。只有一部分的爬行动物和两栖动物是卵胎生。这意味着它们中的雌性不产卵，而是在体内孵卵，直到胚胎发育完全才生出来。

爬行动物的身体很硬，体表覆有干燥的鳞片或者外壳。这些是从它们的皮肤上长出来的，所以当其变得太紧时，就会脱下来。我们称这一过程为蜕皮。

蛇的骨架

一些爬行动物的牙齿上有毒液，所以被它们咬后会致命。

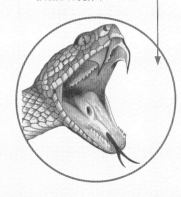

爬行动物是如何产卵的？

　　爬行动物，包括它们当中那些一生都在水里度过的种类，都必须到岸上产卵。

　　爬行动物的卵有一层坚硬的保护外壳，刚孵出来的幼小爬行动物与成年后长得很像。

两栖动物——生命周期

在童话故事中，通常青蛙会变成一个英俊的王子。在自然界中，青蛙和蟾蜍在生命的开始阶段也经历了非凡的变化，尽管并不是所有的变化都很美丽。春天，青蛙和蟾蜍将数千个卵产在水中。这些卵包裹在果冻般的黏液中。

不照顾卵和后代

两栖动物不关心后代。雌雄两性都不会照顾卵和后代。那么卵留在水中，就容易暴露并被其他水生动物食用。然而，大量的卵使两栖动物有机会繁衍后代。

现在它看上去和父母长得一样了，并且可以开始其成年生活。

它会先长出后腿，接着长出前腿，最后尾巴消失。

刚开始，蝌蚪看起来有点儿像小鱼，它有流线型的形状和扁平的尾巴。蝌蚪也和鱼一样用鳃在水中呼吸。

接下来的几个星期之内，蝌蚪会不断地变态发育，最后变为成蛙。在这段时间里，它的鳃会转化为肺，这样就可以在陆地上呼吸。

两栖动物的卵外面包裹着厚厚的凝胶层，会孵化出幼虫或蝌蚪。

青蛙的歌唱

青蛙，特别是雄蛙，在交配季节会一直呱呱叫。其头部两侧有声囊，能发出各种声音。青蛙每天的音乐会会从晚上持续到黎明，直到交配季节结束。

蓝色的蛙

在交配季节，雄性田野林蛙的皮肤颜色非常特殊，全是蓝色的。这种不寻常的颜色只有当它沉浸在水中时才会持续存在。当它离开水中后，蓝色就会消失。

树蛙的脚上长有吸盘，这有利于其在灌木和乔木上顺利移动。

许多蟾蜍不会跳跃，经常匍匐爬行。它们捕食植物害虫，例如蜗牛和昆虫，对花园植物和农作物有益。

蟾蜍粗糙干燥的皮肤上长有许多突出的疣。每个疣里面都有毒腺，受刺激后会释放毒液。

注意！

不要触碰蟾蜍的皮肤，它释放的毒液会伤害我们的皮肤。

欧洲树蛙

欧洲树蛙非常漂亮，皮肤光滑而有光泽，并且颜色鲜绿。欧洲树蛙还有一个不寻常的特征——可以完美地改变背部的颜色，使其与隐藏地点的植物颜色相匹配，可以呈现出黄色、灰色、棕色，甚至黑色。

蟾蜍

蟾蜍不会在水中度过一生。它在陆地上生活，但产卵时必须找到一个合适的水塘。蟾蜍的卵看上去像一串珊瑚。蟾蜍白天隐藏在茂密的植被之中，晚上开始寻找食物。

爬行动物——龟和蛇

爬行动物包括龟、蛇和蜥蜴等。我们可以在水库、灌木丛、草地、沼泽地和阳光明媚的岩石地区遇见爬行动物。它们中有一些擅长游泳，还有一些则会爬树。它们都很迷人，值得我们深入了解。

欧洲泽龟

欧洲泽龟在过去很常见，但如今随着环境污染严重，人类破坏了它最喜欢的沼泽地区，这种爬行动物已成为珍稀动物。它与水生环境密切相关，一生大都在水中度过。它在那里寻找昆虫、蝌蚪和鱼，能在水下待十几分钟。阳光明媚时，它常在岛屿和海岸植被附近散步。冬天，它在水库底部冬眠。

蝰蛇的竖瞳使其区别于其他的蛇。

欧洲泽龟寿命很长，能活到120岁。

蝰蛇

蝰（kuí）蛇在白天晒太阳，晚上才开始行动。它会在灌木丛中悄悄穿梭，寻找猎物，如雏鸟、啮齿动物、两栖动物。蝰蛇的进攻非常迅猛，它会在甩出前半身的同时张开大嘴以毒牙咬住猎物，释放毒液令其瘫痪后，立刻吞下。听到蝰蛇的名字，许多人会惊慌失措。它的噬咬对人类来说是危险的，但它从不会主动进攻人类。

坚硬的外壳

乌龟身体上部坚硬的外壳叫作龟甲，硬壳龟甲的下面是腹甲。在发生危险时，乌龟可以将头部、腿部和尾部收回龟甲中。幼龟的壳是软的，几年后才会变硬。

欧洲泽龟

水游蛇

辨识水游蛇并不难。它有银灰色的脊，身体两侧显示不规则的黑色斑点，头部两侧都有明显的黄色斑块。水游蛇体形较大，但性情非常温和，像大多数爬行动物一样害羞，对人类无害。虽然水游蛇有锋利的牙齿，但在受到攻击时不会去咬袭击者。它会排出臭味液体，有效地赶走攻击者。

水游蛇

冬季，水游蛇会占据啮齿动物的洞穴，处于冬眠状态。

水游蛇在水中会感到很安全，所以它经常待在水中，以免受攻击。

水游蛇很擅长游泳和潜水，居住在河流、湖泊、池塘、沼泽、湿地以及潮湿的森林中。在陆地上，它的动作同样迅速灵活。

蟾蜍向上抬起后腿，使得水游蛇无法将其吞进嘴里。

捕食两栖动物

水游蛇主要捕食两栖动物。它经常袭击大型蟾蜍，而无视其大小和毒液。它总是不能正确地评估食物的大小，导致无法吞咽。已经到水游蛇嘴口处的蟾蜍试图逃生，它会让自己的皮肤像气球般膨胀起来。有时候两栖动物变得太大，水游蛇也不得不放弃。但是当水游蛇成功用牙齿抓住蟾蜍后，它需要长达一个小时才能吞下这么大的猎物。

爬行动物——蜥蜴

　　有些爬行动物很常见，例如蜥蜴。然而，有一些就非常罕见，例如欧洲泽龟。能在自然环境中观察它们是一种真正的享受。所有的爬行动物都谨小慎微，受到惊吓时会惊慌失措地逃到藏身处。在冬天到来之前，它们会进入洞穴和藏身的地方，度过这段寒冷而缺少阳光的时间。

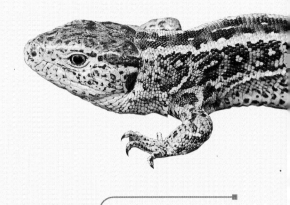

蛞蝓是蜥蜴最喜欢的食物。

雄性绿蜥蜴

交配季节中的雄性捷蜥蜴呈绿色。

绿蜥蜴

　　绿蜥蜴真的是一种非常美丽的动物，住在岩石和树木繁多的地方。绿蜥蜴是攀岩冠军，能在高处完美地移动并跳到地面上，漂亮的尾巴对它很有帮助。雄性绿蜥蜴色彩鲜艳、漂亮，雌性则不是很显眼，呈棕色。

捷蜥蜴

　　成年捷蜥蜴是棕绿色的，但雄性在交配季节看上去非常绿。你在水库附近无法找到捷蜥蜴，它不是游泳健将，很容易被淹死。它会选择阳光充足的地方建造洞穴，并在那里度过夜晚和寒冷的日子。一个洞穴能使用好几年，只有在这样的地方，捷蜥蜴才能生存、捕食和繁殖。

丢掉尾巴

蜥蜴是一种小动物，没有毒牙或坚硬的外壳保护自己，所以它必须用别的方法防御掠食者。大多数情况下，它会立即逃脱。有时候，在躲进岩缝或洞穴之前，它会张大嘴巴，试图吓倒攻击者。面对掠食者时，蜥蜴常常把尾巴断掉，当丢弃的一段尾巴在困惑的掠食者面前扭动时，蜥蜴则赶紧逃跑，通常它都能安全地逃脱。

捷蜥蜴

失去的尾巴正在生长，但会更短，而且颜色不协调。

由于肤色是棕色，蛇蜥能很好隐藏在周围的环境中。

从10月一直到第二年3月底，我们不会在森林小道上或草丛中遇到蛇蜥，因为它在冬眠。

没有腿的蜥蜴

蛇蜥的身体细长，呈圆柱形，并且没有腿。因此，很难指出它的头部位置。另外，它很容易让人想起蛇，尽管它并不是蛇。事实上，蛇蜥是无腿的蜥蜴。对于蜥蜴类来说，它的行动非常缓慢，因此它的食物主要是蚯蚓和蜗牛。对它来说，这些食物很容易捕获。

蛇蜥

胎生蜥蜴

在山区，很多蜥蜴都属于胎生蜥蜴。它喜欢和捷蜥蜴一起在外面晒太阳。胎生蜥蜴的长度要比捷蜥蜴短，其脊背呈棕色，带有斑点，腹部明亮。它会游泳和潜水，因此当危险来临时，它会藏到水下。

鸟类

　　鸟类是天空的主宰者，也是三大能够主动飞行的动物群体之一，与之相近的动物还有带翅的昆虫和蝙蝠。羽毛是它们区别于地球上其他生物的重要特征。鸟类真的很迷人，因为它们不仅会飞翔，而且其与众不同的习性以及适应生活环境的行为也很有趣。

鸟类的世界

鸟类与其他所有动物区分的一个显著特点就是它们有羽毛。有了羽毛，鸟类可以在天空中飞得很高。因此，鸟类能够在地球上不同的环境里生活，遇到危险时能迅速逃走，并会在冬天迁徙到温暖的地区。

研究鸟类的科学叫鸟类学。

爬行动物的近亲

鸟类是爬行动物的近亲，其羽毛其实是从爬行动物的鳞片进化而来。第一种飞鸟是生活在侏罗纪时期的始祖鸟。据推测，始祖鸟并不像现代鸟类那样飞行，而是从树上滑翔，在降落时用翅膀作为降落伞进行缓冲。

始祖鸟

羽毛

每只鸟有两种类型的羽毛，即正羽和绒羽。绒羽保护鸟类身体免受雨淋和寒冷，同时也可防止过热，即保持恒定的体温。鸟类和哺乳动物一样，都是恒温动物。鸟类的体温在41℃至45℃之间，远远高于人类的体温。

飞羽和尾羽，还有覆盖在鸟类体表的廓羽都是正羽。

正羽呈平铺重叠状，使鸟类身体呈现流线型。

绒羽

飞行能力

鸟类为了便于飞行，体重要尽可能轻，所以它们有空心骨头（所谓的充气骨头）。皮肤上生长的羽毛能保温，并且使整个身体呈流线型。而且，羽毛本身也不重，身体就变得更轻。它们的喙中没有牙齿。小鸟从巢中的卵孵化出来，而不是像哺乳动物那样在母体内发育。由于以上原因，白鹳等大鸟重量只有3～4千克。

多彩羽毛的雄性红额金翅雀

丰富的颜色

鸟类羽毛的颜色令人着迷。鸟类中许多物种的羽毛还有漂亮的图案，但也有一些鸟类羽毛颜色普通，因此食肉动物不会注意到它们。通常，同一物种雄性和雌性的羽毛颜色也有很大不同，雄性更漂亮，以吸引雌性的注意。

羽毛色彩艳丽的食蜂鸟

更换羽毛

鸟类必须定期更换新的羽毛，通常是在繁殖后进行。一些物种是逐渐更换羽毛，并持续很长时间；还有一些物种则会同时换掉所有的旧羽毛，并在短时间内长出新的羽毛。鸟类羽毛的更换也叫换羽。

善于伪装的鹪(jiāo)鹩(liáo)

一只天鹅大小的鸟有多达25000根羽毛，一只小鹪鹩大概有1000根羽毛。

苍头燕雀雌性（左图）和雄性（右图）羽毛的颜色不同。

鹳和鹭

这些长腿和长颈的鸟类被称为涉水鸟。它们不奔跑，只是小心地抬起双腿走路。它们长有长喙，在地上或浅水中寻找食物。除此之外，它们还很善于飞行。雄鸟和雌鸟看上去很相似。

白鹳

黑鹳

白鹳

白鹳通常把巢筑在距离人较近的建筑物上面。它会到沼泽地、牧场和草地上寻找食物，主要以甲虫和蚱蜢等昆虫为食，此外还会吃小鼠、鼹鼠和蜥蜴，很少吃鱼。白鹳到冬天会飞往温暖的地方越冬。

鹳可以活到非常大的年龄，能超过30岁。成年鹳的喙是红色的。

幼年鹳的喙和腿几乎都是黑色的。成年鹳叽叽喳喳地叫，幼年鹳则喵喵叫。

白鹳巢

黑鹳

黑鹳是白鹳的近亲。它们会避开有人烟的地方，把巢筑在森林里高大的老树上。黑鹳比白鹳少见得多，全身羽毛几乎为黑色，带有漂亮的蓝色和绿色光泽，只有胸部和腹部是白色的。它的喙长而粗壮，主要吃生活在水中或水上的动物，如鱼、两栖动物和水生昆虫等，很少吃陆地动物。

在飞行中，苍鹭的脖子和翅膀均呈拱形。

成年苍鹭的头上有黑色的绒毛，脖子上有一道黑色的纵线。

白鹭有非常长的脖子。

苍鹭的食物是鱼。

苍鹭

苍鹭不比鹳小，脖子后面有灰色羽毛和黑色装饰羽毛。苍鹭靠近水域生存，以鱼类为食。它还吃两栖类、爬行类、老鼠、蜗牛和昆虫。捕食时，苍鹭站立不动或缓慢地移动，颈部低于水面。它通常在树上筑巢，而且群居，有时多达300个巢聚在一起。冬季，苍鹭有一部分会迁徙，有一部分会留下来生活在相对温暖的地区。

白鹭

白鹭很少见，看起来非常像苍鹭，但它全身是白色的，喙是黄色的，到了交配季节，除了嘴基部之外都会变为黑色。长长的腿从深灰色过渡到黑色，只有在繁殖季节才能看到黄色条纹。

天鹅、大雁和鸭子

天鹅、大雁以及鸭子被鸟类学家划分为雁形目，因为它们都有扁平的喙。另外，它们的脚趾之间有蹼相连，腿部较短，有利于游泳。它们的生活与水息息相关。

脚趾之间有蹼相连。

疣鼻天鹅（无声天鹅）

这是一种大型白色游禽，有长而曲折的脖子、黑色的疣鼻和红色的喙。雄性天鹅要略高于雌性天鹅。疣鼻天鹅是欧洲最大、最重的游禽，重量高达20千克。要想飞起来，它必须在水上长时间助跑。它是素食主义者，长长的脖子浸入水中并用喙撕裂水生植物。

天鹅高贵的身姿：微微举起的双翅和弧形的长颈。

繁殖期过后，天鹅会更换羽毛。而且，它们喜欢聚集在一起。它们会一次性脱去所有的羽毛，所以在一段时间内无法飞行。

疣鼻天鹅雏鸟

为了让自己能够飞上天空，天鹅必须在水面上奔跑相当长的距离。

天鹅在芦苇丛中建造的巢穴直径可达2米。雏鸟像是童话中的"丑小鸭"，喙是灰色的。

性别二态性

天鹅和大雁，无论雌性还是雄性，羽毛都是同样的颜色，所以在羽毛上没有性别差异。而鸭子就不同了，繁殖季节的雄性有着多彩的外衣。

性别二态性是同一物种的雄性和雌性外观的差异。在鸟类中，主要是羽毛上的差别。

虽然疣鼻天鹅又称"无声天鹅"，但它有时也会发出声音，特别是在交配季节。愤怒时，它也会用嘶嘶声吓跑入侵者。

钻水鸭与潜水鸭

鸟类学家将鸭子分为钻水鸭和潜水鸭。前者在寻找食物时只是将自己的头浸入水中，而后者觅食时会深深地潜入水中。例如绿头鸭就是钻水鸭，凤头潜鸭则属于潜水鸭。

雄性凤头潜鸭

雌性凤头潜鸭

绿头鸭不会深潜入水下，但它会把头钻入水中，露出尾部。

凤头潜鸭

雄性凤头潜鸭头顶上有一根略长而下垂的"小辫子"。这种鸭子吃水生植物、蛤蜊和蜗牛。它潜入水中数米的深度，并从水底获得食物。凤头潜鸭每天可以捕获超过1000个贝壳。它的喙里没有牙齿，为了嚼碎坚硬的贝壳，会吞下小石块。胃中的这些石块就像磨坊中的磨盘，会将贝壳磨碎。

雄性绿头鸭

雌性绿头鸭

灰雁有一个肉色的喙。

绿头鸭

从9月到第二年5月，雄性绿头鸭羽毛色彩缤纷，在其他月份，它的羽毛颜色与雌性十分相近，带有褐色斑点。因此，雌性绿头鸭孵卵时可以完全被植物掩盖。绿头鸭扁平的嘴和里面边缘的锯齿可以过滤掉水中的小生物。

灰雁

灰雁是鸭科中体形最大的动物，有灰色的羽毛、肉色的腿和喙。这种鸟类是白色家鹅的祖先，两者的嘶叫声很像。另外，它以植物为食，冬季会飞往温暖的地方。

白尾海雕及其他鹰类动物

你可能听说过雕、苍鹰、游隼（sǔn）和秃鹫（jiù）。这些是同一类鸟，它们有一些共同的特征：尖锐而弯曲的爪，坚固的钩状喙，雌性比雄性大。此外，在父母的照顾下，雏鸟会长期留在巢中，通常父母一次只喂养一只雏鸟。

它们速度如箭，喜欢出其不意地进攻。它们勇健强壮，机警敏锐，一直受到人们的敬佩，因此常常出现在一些国家的国徽或贵族家庭的徽章中。

白尾海雕坚固的钩状喙

普通鵟常常使翅膀保持"V"字形。

白尾海雕

白尾海雕的翅膀跨度达到2米，能完美地在高高的天空中展开。它以各种动物为食，例如鱼、鹅、鸭，还有老鼠、野兔，甚至獐（zhāng）鹿。它会在靠近河流和湖泊的大型古树上筑巢，雏雕通常会一直待在巢里长达3个月。

普通鵟

普通鵟（kuáng）以腐肉为食，这就是为什么它会经常潜伏在出现车祸遇难者的道路上。你可以很容易地听到它高亢的叫声。它也以野兔大小的动物为食，也吃两栖动物、爬行动物和较大的昆虫。其幼鸟在鸟巢中要待3个月。

我们可以看到飞行中的红鸢像风筝一样的尾巴。

红鸢

红鸢大小与秃鹫相当，但飞行中尾巴明显缩进，颜色更为鲜明，头部为红棕色和灰色。红鸢是迁徙物种，但越冬场地距离筑巢地点不远。它以鱼和其他跟鸡差不多大小的动物为食。

鹰类动物在白天捕食其他动物，包括更小的鸟类，因为它们具有出色的视力、极其敏锐的听觉以及特别的身体构造。

红隼在空中盘旋。

普通鵟经常在草地上空盘旋，或站在草堆顶或无叶树上狩猎。

鹗（鱼鹰）

鹗的身体比秃鹫还要大，翅膀长而窄。它能潜入水中捕鱼，但并不总是成功，因为在水下用爪子抓鱼并不是那么容易。尽管羽毛潮湿，但它必须飞出水面。有时候，它会放弃追逐的猎物，另寻其他食物。

红隼

红隼是一种小型的猎鹰，比乌鸦还小。它以猎食时翱翔的特点而闻名。它会在猎物上方徘徊，快速振翅，然后以闪电般的速度扑到猎物上。

灰山鹑、雉鸡、黑琴鸡和松鸡

鸡、火鸡、雉（zhì）鸡、灰山鹑（chún）、鹌（ān）鹑、黑琴鸡等都已经适应了陆地生活。在危险的情况下，它们会奔跑，因为它们飞得很低，基本就在地面之上。然而，它们中有许多很喜欢在树上休息。它们用坚实的喙啄食植物、种子和昆虫。

雉鸡是一种野鸟。

灰山鹑

灰山鹑全身灰褐色，雄性和雌性几乎没有区别。它跑得非常快，生活在田野、草地、牧场和其他开放的地区，通常成对地或以小家庭成群地生活在一起，主要以植物为食，雏鸟也以昆虫为食。

雉鸡

雄性雉鸡颜色鲜艳，身体也很大；雌性则身体较小，不易引人注意。雄性雉鸡的声音大而突然，你很有可能会被它的叫声吓着。雉鸡生活在耕地和草地上，雄性雉鸡大摇大摆地走着，而雌性则潜行。它们会在地上筑巢，雏鸟需要父母照料的时间长达80天。在目前条件下，雉鸡主要在野外繁殖，其雏鸟也会被放到野外。

为了增加繁殖机会，灰山鹑产卵量很大，每窝能超过10个，因为许多雏鸟都会被天敌捕获。

孵化后的雉鸡雏鸟可以自己走路、寻找食物，并模仿它的母亲。

鸡是被人类驯化的家禽。

雏鸡

母鸡

公鸡

美丽的雄性与 低调的雌性

  雄性的雉鸡、黑琴鸡和松鸡都穿着漂亮外衣，它们还会为了交配而跳舞。雌性的外表则很普通，因此也容易躲避捕食者。蓝孔雀是为自己的外表感到骄傲的雄性代表。

雄性蓝孔雀

啼叫的黑琴鸡

啼叫的松鸡

黑琴鸡

  雄性黑琴鸡全身体羽黑色，羽毛漂亮而有光泽；雌性身体较小，颜色普通。这种鸟没有配对现象，雏鸟由雌性照料。雄性黑琴鸡整年都会啼叫，春天最为频繁，求偶时也会发出有特点的叫声吸引异性。

站在树枝上的雌性黑琴鸡。它通常在林中筑巢，并能完美地掩盖巢穴。

松鸡

  雄性松鸡全身颜色较暗，羽毛有光泽，身体明显比雌性松鸡大。这种鸟主要生活在针叶林或混叶林中。求偶时，雄性松鸡会有求偶叫声。松鸡在地面上建巢，没有配对现象，雏鸟由雌性松鸡照料。

雌性松鸡，也叫母松鸡。

灰鹤和它的近亲

骨顶鸡和黑水鸡都属于秧鸡家族，虽然体形比灰鹤小得多，但是它们也有相同点：都生活在湿地地区。秧鸡家族通常会隐藏在芦苇丛中，它们的身体横向扁平，因此很容易在密集的草丛中移动。与灰鹤不同的是，它们的飞行能力很差。

灰鹤的喙比鹳短，头顶有一小块裸露的红色皮肤。

悬垂的羽毛

在换羽期间，秧鸡和灰鹤都会同时落下所有的羽毛，因此数周都无法飞行。它们会藏在芦苇丛中保护自己。

飞行中的灰鹤跟鹳一样，都会把脖子伸直。

灰鹤

这种鸟通常都比鹳类大。灰鹤与苍鹭的身体均呈灰色，尾部覆盖着悬垂羽毛。灰鹤生活在广阔的沼泽和潮湿的森林里，把巢像城堡一样建在敌人不易靠近的沼泽地上。它以各种食物为食：植物根茎、种子、昆虫和软体动物。它是一种非常谨慎和胆小的鸟。

飞行时灰鹤与鹳的不同之处在于，很远就能听到它的声音，因为它会边飞边叫，叫声高亢嘹亮。

灰鹤是候鸟，在冬季会像飞机编队一样集体飞走，形成"V"字形，因此它们的迁徙被称为"V"字迁徙。

骨顶鸡

　　骨顶鸡是一种矮小的鸟，大小与野鸭相当。它全身羽毛是灰黑色的，仅喙和额甲为白色；脚上长有特点明显的瓣蹼，这些瓣蹼可以帮助其游泳。骨顶鸡非常机敏，这就是其他水鸟喜欢在它所在的水域繁殖的原因。它的声音像狗叫，以各种植物和小型无脊椎动物等为食。

骨顶鸡之间经常会因为领地而产生争斗。当其他骨顶鸡闯入时，领地占有者会在水面上奔跑，用翅膀攻击入侵者。

骨顶鸡在飞行之前，会在水面上快跑助飞。

骨顶鸡有白色的额甲和喙。

黑水鸡的脚是绿色的，脚趾很长，鲜红的额甲下是红色的喙。

黑水鸡的幼鸟属于早成鸟，孵化后就会离开巢穴，去寻找食物。

黑水鸡

　　黑水鸡比骨顶鸡小得多，全身羽毛黑色或灰色，身体两侧有白色羽毛。双腿黄绿色，鸟爪细长，腿关节上方有红色的环带。额头上方以及喙都是红色的，喙的末端是黄色的。几乎所有东西它都吃，例如水果、水生植物的枝叶、昆虫、贝壳或其他小型无脊椎动物。

黑尾塍鹬、凤头麦鸡、海鸥和燕鸥

鸻（héng）形目鸟类是由不同鸟类组成的一个自然体，栖息在湿地和沼泽地区，直接在地面上修筑巢穴、产卵。刚孵出来的雏鸟身上覆着一层绒毛，并且立即就可以自己觅食。鸻形目鸟类包括金鸻、扇尾沙锥、凤头麦鸡、黑尾塍（chéng）鹬（yù）、杓（sháo）鹬、丘鹬、流苏鹬、海鸥、燕鸥和海雀等。

凤头麦鸡

凤头麦鸡在湿地筑巢。

黑尾塍鹬在水中觅食。

黑尾塍鹬

这种鸟长着长长的腿和长而直的喙，涉水觅食，以无脊椎动物和种子为食。它在飞越繁殖地的时候会发出很大的声音。5月份，它会在湿地上的凹坑中产卵，通常在凤头麦鸡的巢穴附近。黑尾塍鹬翅膀上有白色的斑，飞行时将长腿向后伸。

凤头麦鸡

凤头麦鸡是一种漂亮的小鸟，头顶有细长而稍向前弯的黑色冠羽，身体呈白色和黑色，羽毛有金属光泽。春天，它很早就会抵达繁殖地，在交配期间会有表演，展示其有特色的翅膀。它在湿地筑巢，保护雏鸟免受猛禽或其他捕食者的袭击。它以地面上的昆虫及其幼虫为食。

飞行中的黑尾塍鹬

受惊了的凤头麦鸡雏鸟待在地上，可以完美地隐藏在植物之间。

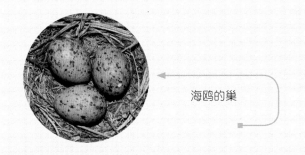
海鸥的巢

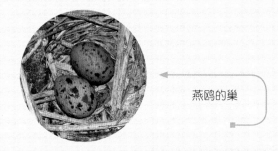
燕鸥的巢

海鸥的雏鸥

嘴里叼着鱼的燕鸥

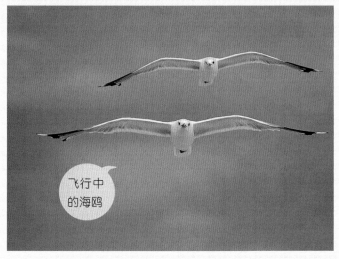
飞行中的海鸥

黑浮鸥是燕鸥的一种，在杂草丛生的海湾筑巢。

海鸥

　　海鸥主要在海边生活，但也生活在河流和湖泊附近。它掠过水面，以生活在水中的生物为食，也会到其他地方寻找食物。一般来说，它不会潜水。它长着长长的翅膀，能轻松优雅地飞行。它会在开阔的地方繁衍，把卵产在地上。

燕鸥

　　燕鸥与海鸥相似，但体形较小且较轻，腿很短，很少在地面上走动。燕鸥是典型的候鸟，会在热带地区过冬。它会从空中潜入水中捕获食物，在水域附近筑巢。

猫头鹰

猫头鹰是主要在黄昏和夜间进行捕猎的肉食性动物。它飞行时没有声音，这使它的猎物难以察觉。另外，它具有出色的听觉和视觉。头部前方的大眼睛使其与其他鸟类区分开来。面部羽毛排列成有特色的面盘。白天，猫头鹰躲在洞穴里，黄昏时出来。它主要以小型啮齿动物为食。

小猫头鹰的眼睛是黄色的。

小猫头鹰

小猫头鹰比鸽子还小，眼睛大而黄，身上有白色的花纹。我们不会在森林里见到它，因为它喜欢有单棵树的开放区域。它会在茂盛的草地里寻找老鼠、蝗虫、甲虫和蚯蚓。

小猫头鹰自己不修筑巢穴，它会使用其他鸟类放弃的巢穴。有时它根据自身的大小来选择鹰巢或者其他鸟类的巢。

雕鸮（xiāo）

雕鸮的体形很大，头上长着成簇的羽毛，仿佛是它的耳朵，眼睛是橙色的。这种鸟很少见。它会把卵产在岩洞或其他鹰、苍鹭或鹳放弃的巢中，不修建自己的巢穴。它会在飞行中捕获猎物，例如野兔、老鼠和刺猬。

强壮的爪子呈尖锐的钩状。

雕鸮是世界上体形最大的猫头鹰，坐着时高75厘米，展开的翅膀可长达1.8米。这么一只大型动物，它的体重只有约2.5千克。

一些猫头鹰的头上长着类似耳朵的羽毛，注意力集中时会把羽毛竖起来。

猫头鹰的大眼睛在正前方，不像其他鸟类那样左右各一只。图中的鬼鸮是一种生活在针叶林中的小型猫头鹰。

灰林鸮有不同的颜色，左图是灰色的，右图是棕色的。

仓鸮是一种羽毛颜色比较亮的猫头鹰，面部呈心形。

长耳鸮与雕鸮长得很像。

灰林鸮

这是一种有着黑色的眼睛、没有"耳朵"的猫头鹰，它居住在森林里，但城市公园里也有它的身影。它主要以老鼠和田鼠为食，很少吃鸟类，会在黄昏和夜间捕猎。小灰林鸮出生后4～5周就可以离开巢穴，但它全身还是雏羽，不能飞行。所以，它仍需要父母的照顾。父母不能带着这样的雏鸟出门，因为雏鸟很容易受到伤害。

仓鸮

仓鸮会把巢建在谷仓、马厩和教堂塔楼，在草地上捕食老鼠。因为它对寒冷非常敏感，所以需要在避风的地方过冬。由于这些类型的建筑在减少，这种猫头鹰的生活地点正在减少。

长耳鸮

长耳鸮长得很像雕鸮，但体形小一半，眼睛是橙色的，头上羽毛簇被称为耳羽。它会在夜间到空地上捕捉老鼠和田鼠，比雕鸮更常见。其数量取决于啮齿动物等猎物的数量，如果食量不够，它就不繁殖。它不修筑巢穴，会利用乌鸦和喜鹊等的鸟巢。

啄木鸟

这是一种最适应树上生活的鸟类，可以在垂直的树干上自由移动，甚至还可以在树顶活动。它能凿出树洞并在里面繁衍后代，这些能力源自它具有灵活、尖锐的爪子和坚硬、有力的喙。

黑啄木鸟

黑啄木鸟全身都是黑色的，只有头顶是红色的，而且雌性头顶的红色部分较小。这种啄木鸟居住在古老的森林里，每年都会在一棵很粗的老树上筑造一个新的空心洞。黑啄木鸟洞里面很宽敞，所以其他鸟类也很乐意去居住，比如猫头鹰。黑啄木鸟还会啄食物，在腐朽的树皮下生活的虫子和蚂蚁都会被它吃掉。黑啄木鸟主要从树干腐烂部位捕捉它们。

敲击树枝的啄木鸟

在树枝上敲击的啄木鸟不是在寻找食物，也不是在啄出鸟洞，而是通过这种方式警告其他啄木鸟，这是它的狩猎场。不同的啄木鸟都有自己的敲击方式。

黑啄木鸟的头顶是红色的，除此之外全身都是黑色的。

除了蚁䴕（liè）以外，其他啄木鸟都是定居生活，这意味着它们不会在冬天迁徙到别的地方。

黑啄木鸟正在从树干的近地部分找虫子。

绿啄木鸟主要在地面上捕食。

绿啄木鸟

绿啄木鸟有绿色的羽毛，眼睛周围是黑色的，雄鸟的头上是红色的。它和其他啄木鸟种类一样，居住在山林间，在森林边缘的树洞里繁殖，主要是落叶树，如杨树或柳树。为了寻找食物，它会飞往邻近的草地。它经常在地面上寻找食物，会用舌头伸进蚁丘内10厘米的地方，从那里掏出蚂蚁，这是它最好的美味。有时它也会吃蚯蚓、蜗牛、浆果和其他果实。

雄性大斑啄木鸟

头部的红色斑块是雄性大斑啄木鸟的标志，雌性的头顶是黑色的。

大斑啄木鸟

这种啄木鸟常见于丛林间，公园和花园里也会出现。幼鸟头部的红色斑块很大，雄性的头后部形成红色条带，而雌性的头部则没有。这种啄木鸟不像绿啄木鸟一样主要吃一种食物，也不需要像黑啄木鸟一样在古老的森林生活，它总能找到吃的东西。夏天，它从树皮中寻找小昆虫，最好是蠹（dù）虫。而冬天，它会从松树或云杉球果中挑选出种子。为了弄出种子，它把球果放进树干的缝隙。

大斑啄木鸟需要一个小空心洞来筑巢繁殖，洞口只有一只鸟能穿过。

三趾啄木鸟

三趾啄木鸟呈黑白色，雄性头顶是金黄色的。它居住在针叶林，以吸食树汁为生，在腐朽的树木上找食物。它也吃昆虫：甲虫、蛹和幼虫。这个物种只有三个脚趾，两个向前的和一个向后的，这也是其名称来源。

雄性三趾啄木鸟的头顶是金黄色的，雌性的头顶是黑色的，而且有白色斑点。

蚁鴷

这是一种最善于伪装的啄木鸟。如果它不在树上移动，你很难看到它。它比麻雀稍大一点，在各方面都与其他啄木鸟有所不同。它的羽毛的颜色巧妙地与树干外观融为一体。它不爬树，不会在树枝上敲击，也不会挖树洞。它以蚂蚁为食，用舌头从蚂蚁洞里取出蚂蚁。

在树干上的蚁鴷很难被发现。

麻雀、松鸦、渡鸦和大山雀

麻雀是中小型的陆地鸟类，它们中的大多数都擅长飞行，还有一些擅长行走。它们以唱歌而闻名，尽管并非所有麻雀都善于唱歌并且唱得响亮悠扬。通常，雄性比雌性的颜色更漂亮。

松鸦的尾羽呈黑色，伴有白色，飞羽有蓝色和黑色。

渡鸦有金属光泽的黑色羽毛，是体形最大的雀形目鸟类。

松鸦

这种鸟很吵闹。每当注意到一些扰乱它的事情时，它就大声尖叫。其羽毛呈褐色，翅膀上有白色和蓝色条纹。飞行时，它会快速地扇动翅膀。它以小型鸟类的雏鸟和鸟卵以及种子为食，喜欢的特殊美味是橡子和山毛榉种子。

节俭的鸟

松鸦会为冬天储备食物。获得橡树上的橡子后，它会把这些橡子藏在落叶下、苔藓中以及被遗弃的鸟巢中。它伸一下嘴，就能移动10个橡子，因此一只松鸦能隐藏多达5000个橡子。冬天，它会吃掉大部分储藏的食物，但并不是全部。松鸦留在地里的橡子会在春天长出幼苗来。这样一来，松鸦就成了橡子的传播者。

渡鸦

渡鸦的全身都是黑色羽毛，像鹰一样擅长飞行。渡鸦是杂食性鸟类，但最重要的是它是清道夫。它的食物包括昆虫、蚯蚓、小型哺乳动物、鸟卵、爬行动物、两栖动物和种子。它的巢穴建在森林里高大的树上，但它到田地、草地以及垃圾填埋场等开放地区寻觅食物。它是最聪明的鸟类之一，曾被驯养模仿人类说话。

橡子是松鸦的美食。

渡鸦的喙又大又硬。

大山雀

它的巢穴常建在树洞或其他角落。雌鸟能产许多个卵，一次通常8～12个，最多可达20个。幼鸟出生时没有羽毛，没有视力，由父母照顾。喂养这群总在饥饿中的孩子需要付出很大的努力。

黑白两色的头部，以及一条黑色的中央纵纹穿过黄色或绿色的胸腹，这些是大山雀的标志性特点。

雌性的麻雀颜色比较浅。

雄性的麻雀在洗澡。

鸟巢里面可能有十几个白色且带有红色斑点的卵。

麻雀

这种小鸟很健壮，喜欢跳跃。雄性麻雀的整个头顶部是灰色的，雌性和幼鸟呈灰褐色。麻雀是世界上分布最广的陆地鸟类。它们通常在墙壁石块的缝隙等地方筑巢，巢的上面封闭，侧面有进出口。

麻雀非常喜欢和近亲聚集在一起，它们一起叽叽喳喳、一起行动，一起在沙上或水里玩。当危险来临时，它们还会警示其他鸟儿。

麻雀属于怕冷鸟类，随着天气变冷，会蜷缩在树枝上。

红腹灰雀、苍头燕雀、红额金翅雀和锡嘴雀

燕雀科鸟类属于雀形目家族，会唱歌。它们的基本食物是各种植物的种子。当然，这不是它们唯一的食物。它们也喜欢吃乔木和灌木的芽、果实，在养育幼鸟期间会捉很多昆虫。

苍头燕雀

苍头燕雀是森林、村庄和城市里的常见动物，也是欧洲最多的燕雀。春天时你很容易就能听到雄性苍头燕雀歌唱，看到它并不难，因为它通常站在比较明显的地方，比如路边小教堂的屋顶上。它的一个有趣的特点就是创造了很多当地的歌曲，这意味着生活在不同地区的苍头燕雀歌声也不同。

红腹灰雀

红腹灰雀成对生活，所以通常当你看到一只雄性红腹灰雀的时候，你在附近会看见一只雌性红腹灰雀。一对红腹灰雀通常会养7~9只雏鸟。

雌性苍头燕雀与雄性很相似，但色彩暗很多。

红腹灰雀因美丽的红色胸部和腹部而闻名。但是，只有雄性才有如此漂亮的颜色。

红额金翅雀很容易识别，因为它有红色的"脸"。在冬季，你也可以看到这种鸟类。

红额金翅雀

红额金翅雀很擅长歌唱，所以它过去常常被人们养在家中。雄性和雌性的外表几乎相同，所以很难区分。它们每年会繁殖两次，分别在5月和6月。

雌性红腹灰雀的颜色就没有雄性那么漂亮。

锡嘴雀会给雏鸟带回吃的东西。从图中能看出它的喙很大，可以弄开坚硬的种子。

锡嘴雀只需要5秒钟就可以弄开樱桃的种子。

锡嘴雀

　　锡嘴雀的体长为17～18厘米，体重为50～60克，它的喙非常粗壮，甚至可以弄开樱桃的种子，这种能力在燕雀科中是独一无二的。它栖息在森林中，但数量并不多，所以想要看到它并不容易。它一年大概孵化4～5只雏鸟，而且会把巢筑在离地面很高的树上。

锡嘴雀的一个特点是有一个相对较短的厚实的喙，可以把食物坚硬的外壳去掉，从而得到里面的食物。

鸟巢与产卵

　　每一种生物都力求延长其物种的存在时间。鸟类为此而产卵，之后会孵化并照顾雏鸟。为了产卵，它们首先必须筑巢。鸟巢是各种各样的，但不同结构的鸟巢都是为了保护卵免受掠食者的侵害，并为其提供良好的环境。

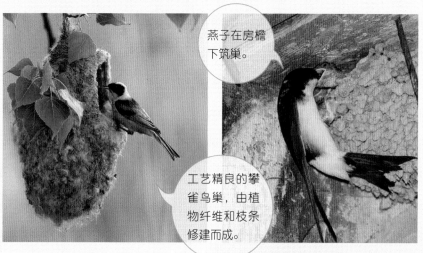

燕子在房檐下筑巢。

工艺精良的攀雀鸟巢，由植物纤维和枝条修建而成。

最常见的这种鸟巢是朱雀修建的。

鸟巢的种类

　　鸟筑造各种各样的巢，有些非常简单，有些则错综复杂，例如攀雀的巢。鸟类筑巢使用各种材料——枝条、根、苔藓、地衣，有时还需要黏土，例如燕子筑巢时就会用黏土。巢内部还衬有柔软的羽毛、毛发或草。

鸟类繁殖多少次？

　　许多鸟类每年只繁殖一次。然而，也有一些鸟类每年会有多次繁殖。一年中鸟类繁殖的次数主要取决于其食物的丰富程度。例如以啮齿动物为食的猫头鹰一年只繁殖一次，但当发生鼠患时，这种猫头鹰会繁殖两次。在啮齿类动物稀少的年份，可能一年都没有繁殖。

鸟类通常每年都会重新筑巢。只有一些物种，例如鹳，会回到它的旧巢并将其"翻新"，因此它的巢每年都在变大。几年后，一只鹳的巢可以重达1吨。

晚成鸟和早成鸟

麻雀的雏鸟刚孵化出来时是光秃秃的。这些雏鸟必须受父母的照顾，并留在巢中一段时间，属于晚成鸟。其他物种的雏鸟，例如野鸭或天鹅，孵化后就有绒毛，并且能睁开眼睛，可以自己离开巢穴，属于早成鸟。但是这些雏鸟并不完全独立，因为它们还不会飞，父母必须带领它们，以避免危险。

冠小嘴乌鸦的雏鸟是晚成鸟。

天鹅带着它们的孩子，其雏鸟属于早成鸟。

园林莺的雏鸟刚出生时光秃秃的，并且没有视力。

杜鹃是一种巢寄生动物，从5月中旬到7月初，会在其他雀形目鸟类的鸟巢里产约20个卵。

一只啄木鸟雏鸟正在一个树洞中，啄木鸟需要大约两周的时间才能敲出一个树洞。

鸟洞

有些鸟类会在树洞中筑巢。啄木鸟自己制造鸟洞。其他的鸟类，如猫头鹰，会寻找废弃的或自然的树洞。茶腹鸭（shī）根据自己的大小调整洞口的大小，当孔较大时，它会用黏土与唾液混合在一起将其变小。

没有鸟巢的鸟

杜鹃不筑巢，它会把卵放到其他鸟的巢里。这种鸟被称为巢寄生动物。杜鹃会在地上产卵，然后用嘴将其带到其他鸟类的巢中。当放入自己的卵时，它就会丢弃掉宿主的一个卵。孵化后，杜鹃雏鸟会把剩下的卵和其他兄弟姐妹推出鸟巢，这样新的父母就只能养育它了。

产卵

雌鸟通常是平均一天产一个卵，产完最后一个卵后开始孵化。在这种情况下，所有雏鸟会同时孵化。而一些鹰的产卵间隔时间可以长达3～4天，雌鸟在产出第一个卵后就开始孵化，因此其雏鸟也不会同时孵出。

鸟类的迁徙

　　鸟类以长途迁徙而闻名，即使在黑暗的夜晚，它们也能保持正确的方向。尽管我们已经发现它们可以感知地球磁场的方向，但它们在天空中是如何定位的，目前尚不明确。而且，并非所有的鸟类都会迁徙。有些是留鸟，也就是说它们终年栖息在同一地区。还有一些则会在冬天离开繁殖区域，但也不会飞得太远，而是到另一个地方寻找食物，会短暂停留一段时间。

在风中飞行

　　大型候鸟，例如鹳，会在白天借助地面加热空气产生的气流飞行。它们可以飘浮在空中，飞行范围很广泛。它们可以通过翅膀和尾巴的轻微移动调整方向。阴雨天不能迁徙，它们会利用这段时间进食，以补充飞行所需要的能量。

鹳的飞行被称为滑翔，滑翔是利用气流进行飞行。滑翔能够用最少的能量消耗飞行较远的距离。

在旅途中，鹳会觅食以补充继续飞行所需要的能量。

鹳迁徙时会跨越大陆，路途遥远，因为它们要到达非洲的南端。

冬季，松鸦喜欢吃在秋季收集的橡子。

谁会进行迁徙？

松鸦会迁徙吗？不，实际上松鸦属于留鸟，常在秋季忙碌，为冬季准备食物。人们误认为它在为远行做准备。燕鸥则会长途迁徙，其中北极燕鸥迁徙的路线最长，从北极飞到澳大利亚。翅膀与燕鸥一样又长又尖的鸟类，一般都善于迁徙。

北极燕鸥因其漫长的旅程而闻名。

冬季，鸟类会留下来和我们一起过冬，还是会到更温暖的地方去？它们不会回答这个问题，但是鸟类学家会通过对特定的鸟进行观察，从而确定问题的答案。

"V" 字队形

鸟类迁徙时通常都会有固定的队形，例如灰鹤的"V"字队形，是什么样子的呢？大概就像是箭头一样。鸟类这样飞行是为了减小空气的阻力，通常体形大的会排在前方，体形较小的则排在后方。而且，排在前方的鸟经常需要其他鸟来替换，因为它们很快就会累了。

"一" 字队形

"V"字队形并不是鸟类迁徙时的唯一队形，它们有的还会排列成"一"字形。队形前方的鸟也要经常替换，原因和"V"字队形一样。

灰鹤在迁徙途中调整方向时，队形会有点儿混乱，但是仍能看出队形。

这是大雁迁徙时的"一"字形队形。

鸟类出发前，会像这些燕子一样聚集起来。

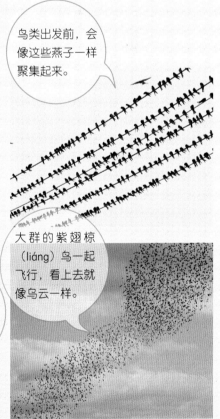

大群的紫翅椋（liáng）鸟一起飞行，看上去就像乌云一样。

鸟类的踪迹

观察鸟类没有特定的地方，在森林里，在一片空地上，甚至在城市街道上都可以。鸟类留下的许多踪迹证明了它们的存在。当然，当谈论踪迹的时候，我们会马上想到脚印。在雪地、潮湿的沙地或泥土上寻找鸟类踪迹是最简单的方法。我们如何了解鸟类的踪迹？首先，鸟爪一般有四趾，三趾朝前，一趾朝后。可以通过观察新鲜踪迹来了解。

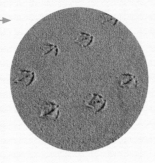

这些踪迹肯定是生活在水面上的鸟类留下的，不仅因为它们是在潮湿的沙滩上被发现的，而且这只鸟的脚趾间有蹼相连。根据这些踪迹的大小，可以判断它是野鸭还是天鹅。

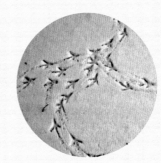

从这样的踪迹上可以看出很多信息：这是一只鸟冬天留下的踪迹，它在行走而不是跳跃，因为它留下的脚印呈交替排列，而不是并列排列。它在朝不同的方向行走，所以可能正在寻找食物。因此，它可能是秃鼻乌鸦或冠小嘴乌鸦。

这里的羽毛，那里的羽毛

脚印显然是一种很好的踪迹，但是存在的时间很短暂。鸟类除了会定期更换羽毛，自然也会将羽毛留在不同的地方。有时这些羽毛非常有特点，很容易据此确定是哪种鸟留下来的。最持久和最具特点的是来自尾部长而硬的尾羽和翅膀上的飞羽。

这看上去像是苍头燕雀的雀巢。现在里面的卵表明它的主人是一对刚刚开始孵化雏鸟的苍头燕雀。

谁会留下这种羽毛？当然是松鸦！这些特有的羽毛生长在它们的翅膀上。

这是大斑啄木鸟翅膀上的羽毛。

雕鸮正在安静地吃捕猎到的鸟，图中左下角为食团：不显眼的灰色羽毛和骨头。

猫头鹰和啄木鸟都是有趣的踪迹提供者。它们留在地上的脚印很奇怪：两脚趾向前，两脚趾向后，与其他鸟类不同。还有一种啄木鸟，只有三个脚趾！

盛宴之后留下的食团

　　鲜为人知的食团是各种猛禽留下的，主要是猫头鹰和老鹰，但不止如此。例如，食团可以在翠鸟洞穴中找到，也可能是鹳、苍鹭和许多其他鸟类留下的。食团是食肉动物在进食后把不能消化的东西在消化道里积存成小团，然后吐出的丸状物，主要是动物的毛发、鳞片或羽毛等。你可以在鸟类吃猎物的地方找到它们。

鸟巢和洞穴

　　鸟巢和洞穴是一种可见的存在踪迹，因为鸟类繁殖，就会留下鸟巢或者洞穴。在秋季或冬季探寻鸟巢比较安全，因为这个时候我们就不用害怕它们的主人。

　　这里是啄木鸟的洞穴。你可以清楚地看到其洞口被啄过的痕迹。洞的大小可以给我们提供它是由哪种啄木鸟制造的信息。另外，我们也可以据以下信息得出正确的结论：树的种类、树洞的高度、树洞内部的遗留物以及羽毛。

哺乳动物

哺乳动物属于脊椎动物，有脊柱，体内的骨架可以为肌肉提供强而有力的支撑，共同保证动物顺利移动。它们由于有发育完善的大脑，反应十分灵敏，并且还能以声音、气味、动作和姿势等多种方式进行交流。哺乳动物还有什么与众不同的呢？它们是恒温动物，体温不会随着环境的变化而改变。它们的体毛可以起到保温作用，防止丧失热量。那"哺乳动物"这个名字又是从何而来呢？这就要从它们的一个很重要的特点说起了，那就是幼小的哺乳动物刚出生时要靠母亲的乳汁生存。父母要哺育和照顾它们的后代，直到后代有独立的生存能力。这类动物恐怕是所有动物中与人类最接近的了，因为我们人类也属于哺乳动物。

肉食性哺乳动物

　　不同种类的哺乳动物生活在田野和森林中。有些以植物为食，另一些则是肉食性动物，捕猎较小的哺乳动物为食。还有一类哺乳动物，体形较小，主要以昆虫为食。这些食虫哺乳动物包括鼹鼠、刺猬和最小的哺乳动物——鼩（qú）鼱（jīng）。这些动物被认为是有益的，因为它们吃很多昆虫，这些昆虫通常是森林和农作物的害虫。

刺猬活动时声音很大，当它夜间出来到坚硬的地面上移动时，你就能听到它发出的声音。

这就是刺猬

　　如果有机会近距离观察刺猬，你肯定会注意到它全身覆盖的刺。它的嘴部和腹部附着灰褐色的皮毛。刺猬的鼻子非常灵活，总是很潮湿。刺猬首先嗅一嗅，检查一下，进行评估，然后才开始采取行动。

有效防御

　　你不会认不出刺猬，更不用说它最著名的特征，就是滚成一个球。刺猬有很多敌人，例如狐狸或雕鸮，都想捉住刺猬。刺猬受到惊吓和攻击后会立即将嘴和脚隐藏在身体下方并卷成一个球。以这种姿势，它能受到几万根刺的保护。

童话中的刺猬

　　在带有图画的儿童书籍中出现的刺猬，通常背上都会有漂亮的红苹果，这是完全错误的画面。刺猬很乐意吃可以在地上找到的成熟苹果，但它永远不会将其扎在背上，也不会把苹果运到贮藏室。因此，背上有苹果的刺猬我们只能在童话故事里看到！

刺猬

　　大家都知道刺猬，它是一种小型哺乳动物，体表覆盖着刺，经常出现在田野和森林里。天黑后，它会徘徊寻找食物。它对食物并不特别挑剔，主要吃蘑菇、浆果、蚯蚓、蜘蛛、蜗牛、小型两栖动物、爬行动物、鸟卵和比自身小的哺乳动物等。

冬眠

　　刺猬会有一段很长时间的冬眠。10月底，它会在树林中一堆堆干枯的落叶下挖洞，然后藏在树根间的洞穴中，进行长期睡眠，直到第二年3月底。通常，雌雄刺猬成对在一个洞穴冬眠。

刺猬宝宝

　　刺猬宝宝出生后，身上覆盖的刺呈白色，稀疏柔软。几天后，它身上的刺才开始变得直立、尖锐、坚硬。但是它要想长得跟其父母一样，至少需要1个月的时间。

鼩鼱

　　鼩鼱看上去很像老鼠，它的鼻子细长，耳朵藏在皮毛下。它名字的来源就与其鼻子有关。虽然它的外形与啮齿动物很相似，但它们之间毫无关系。鼩鼱不是老鼠，而是鼹鼠、刺猬的近亲。它非常能吃，白天吃的蚯蚓、昆虫和蜗牛的重量比它自身还要重。

有着长鼻子的哺乳动物

　　鼩鼱是世界上最小的哺乳动物。这种动物精力十分旺盛，因此需要不停地寻找食物，不断进食，为身体提供能量，否则10个小时内就会死亡。

鼹鼠

鼹鼠完全适应地下生活。它有细长的躯干，短而亮泽的皮毛，最重要的是有强壮有力的爪子。在狭窄的地下通道中，它移动得非常快速平稳，甚至还能倒着回去。挖掘地下通道时，它的爪子像挖掘机的铲斗一样工作。

鼹鼠的嘴部长着许多敏感的胡须，能感应地下最微弱的震动。鼹鼠会利用这些胡须找到正在活动的无脊椎动物。

每年春天，鼹鼠家庭都会扩大。雌性鼹鼠会生下2～7只小鼹鼠。新生的小鼹鼠很小，完全没有防御力，而且身体光秃秃的，眼睛也看不见，所以需要母亲的保护。

在地下的居处中间，鼹鼠用树叶和苔藓给小鼹鼠做了一张床。

在厨房里，鼹鼠储存了很多过冬的食物，主要是蚯蚓。

饥饿的哺乳动物

鼹鼠的视力很差，但具有极其敏感的嗅觉和很好的听觉。它能很快找到地下的蚯蚓和虫子，并且能很快捉住它们并吃掉。它每天吃的食物和自己身体的重量一样多。鼹鼠的身体消化利用食物的速度很快，所以它要经常吃很多东西，超过半天不进食，它就饿得要死。可怕的是，当缺乏食物时，饥饿的鼹鼠甚至会吃自己的幼崽。

鼹鼠的小眼睛隐藏在皮肤褶皱下，就像听觉孔一样。鼹鼠用细长的鼻子将泥土堆到地表。

鼹鼠在地下移动，并将挖出的土堆到地表。在地下，它拥有一个非常复杂的走廊和房间分布系统。不同的鼹鼠通道向不同的方向延伸。有些鼹鼠会到地面呼吸空气，而其他鼹鼠则继续挖洞，以捕食无脊椎动物。

鼹鼠正在新鲜的土壤表面活动。

鼹鼠不喜欢离开它的地下宫殿，基本很少这样做。因为陆地表面有很多危险等着它，其中包括来自鹰、鹳、狐狸和臭鼬的攻击。

蝙蝠

　　度假期间，夜里在田野或乡村漫步可谓是一场真正的自然探险。这无疑是对唯一会飞行的哺乳动物蝙蝠进行观察的好时机。蝙蝠喜欢夜间行动的生活方式，通常在太阳落山前出来活动。

蝙蝠会在藏身的地方休息好几天——倒挂着，躲在建筑物的角落里、屋顶下、洞穴和树洞里。

蝙蝠的飞行

　　飞行中的蝙蝠类似于鸟类，但飞行方式完全不同。蝙蝠的飞行速度稍慢，几乎没有声音。它的翅膀是由前肢演化而来，由其修长的爪子之间相连的翼膜构成，可以交替进行活动。这是它捕捉飞虫时非常有用的技能。它还可以改变翅膀的形状。

夜间猎人

　　我们可以看到蝙蝠在黄昏和傍晚狩猎，它会捕捉飞蛾和飞行中的其他动物，如金龟子。蝙蝠的狩猎活动非常有趣。在夜间狩猎期间，它会展开像网一样的翅膀，利用翅膀上的翼膜围住猎物，迫使它们飞进自己嘴里。

飞行的哺乳动物

　　蝙蝠的身体覆盖着柔软的皮毛。前肢演化为膜状翅膀，有爪。因此，这种哺乳动物可以倒挂着睡觉，以及更有效地在地面上活动。蝙蝠还有什么特别的呢？它的耳朵很大，因此很容易听到外界的声音。

回声定位

蝙蝠发出的声音被称为超声波，人耳
听不见。这些声音能从树木等上面反射回来，并返回到蝙
蝠非常敏感的耳朵里。这有点儿像树林里的回声，例如当我们喊"跳
跃，跳跃"时，我们的声音会从树上反弹并返回到我们的耳朵。同样，
"跳跃，跳跃"的声音也会传到蝙蝠耳朵里。因此，它可以定位自己周
围的环境，完美地进行捕食活动，即便是在完全黑暗的环境中，也能快
速飞行而不会伤害到自己。

基于回声对物体进
行定位的能力被称
为回声定位。

蛰伏

在寒冷的秋冬季节，昆虫就会躲起来，因此蝙蝠无
法获取食物，被迫在冬天进行休息。蝙蝠会找一些安全
隐蔽的地方，例如在房屋阁楼、洞穴、地下室、教堂塔
楼、旧树洞和岩石裂缝。它会在里面垂下头，在隐秘的
角落用爪子倒挂身体，体温明显下降，进入蛰伏状态。

啮齿动物

啮齿动物最大的特征在于需要不断磨特别坚固的前牙。因此，啮齿动物必须确保它们的食物中不缺乏难啃的食物。这些食物可以是树枝、树根、树皮、坚果或种子。不管居住在哪里——树上、草地还是水中，啮齿动物都可以建巢并贮藏食物。

松鼠的巢穴呈球形，类似于鹊巢。

松鼠可以自己建巢。巢由树上的小树枝建成。巢内衬着干树叶、青草和苔藓。在准备好的床上，松鼠生下幼崽，并在那里度过冬天。

松鼠也生活在由啄木鸟啄出的树洞和人类悬挂的鸟类的巢箱中。

欧亚红松鼠

欧亚红松鼠是一种极其活泼的动物，在白天很活跃。它会花数天在树梢上寻找食物。它生活在针叶林和混合林里，拥有足够的空间。它吃种子和坚果，以及水果、昆虫和鸟卵。在它的菜单中还有森林中的蘑菇，它收集蘑菇并在树枝上晾干。它也是城市公园、花园和社区园圃的居民。

红褐色的尾巴

欧亚红松鼠蓬松的红褐色尾巴不仅是它的标志，而且是一种漂亮的装饰。此外，尾巴还有其他两个重要的功能。在寒冷的日子里，它在睡觉时用尾巴当作被子盖住自己。当它在高处迅速移动时，尾巴有助于保持平衡。它在树木之间长距离跳跃时，尾巴起着舵和着陆支撑一样的作用。它可以在树枝间跳跃，每次能跳到5米高。

杂技演员

松鼠的指端是锋利的爪子，因此它可以附着在树上。松鼠可以头朝下在树干上行走。

敏捷的脚

任何人看到松鼠吃种子，如吃松球里面的种子，都会注意到它的前爪非常灵巧。它用爪子转动松球，并用牙齿分开鳞片，品尝里面美味的种子。

松鼠耳朵上的簇毛在冬季才会很显眼。夏天，这些簇毛很小。

松鼠皮毛有不同的颜色，从浅红色到深棕色，但其腹部都是白色的。

松鼠啃过松球后留下的东西——一个末端带有鳞片的核。

黑色皮毛的松鼠并非是另一个物种，它是普通松鼠的变种。

贮藏冬季食物

聪明的欧亚红松鼠会收集食物，如榛子、橡子和其他种子，将它们藏在洞里或埋在地下。欧亚红松鼠并不总是记得把食物藏在哪个地方，所以它埋藏的美味佳肴会长成小小的橡树苗，以及其他乔木或灌木。因此，这样一只小小的啮齿动物能创造出一片森林。

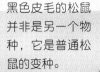

在地面上，松鼠跳跃着移动。

建筑师河狸

河狸属于啮齿动物，几乎一生都在水边度过。河狸通常会选择周围长有柳树、杨树和桤（qī）木的河边或湖边栖息。河狸有家庭生活，通常一家中包括雌性河狸、雄性河狸以及河狸宝宝。河狸夫妻一生对彼此都很忠诚，它们还会照顾年幼的河狸。

房子 ⟶

河狸能熟练地使用前爪挖掘水下隧道、洞穴，清理厚厚的皮毛。它们还能熟练地啃咬小树枝。

河狸在水边的斜坡上挖洞，并建造一个有很多枝条的房子。河狸的房子叫作河狸小屋，可以达到3米高。

通常它们的房子下部有几个入口隐藏在水面下。

为冬季做准备

在冬天之前，河狸会扩建并修理它们的家：用泥密封漏洞，仔细检查房屋枝条结构，保护食物不被掠夺。当水面冻成冰时，河狸会挖出一条水下通道至水面的洞口。通常只有在室外温度不低于0摄氏度时，它们才会出去。

河狸家庭通常一起过冬，它们不进行冬眠。

修建河狸小屋的树枝，也是河狸冬天的食物。

两个锥体

河狸会选择质地较软的树木，如桦树、柳树或杨树，不停地啃咬树干，直到形成由两个锥体顶部连接的缺口。接下来，就是等待树木自己倒下了。

伐木工人

河狸只需十几分钟就可以弄倒一棵树。河狸的做法很巧妙，通常会让树朝水的一面倒下去。完成工作后，树下还会留下很多大片的木屑。

河狸的门牙会一直生长，因此它们必须不断地磨牙。

建筑师

河狸在河流和小溪上建造水坝蓄水，从而形成水池。河狸家庭就是这样建立安全的藏身之地。

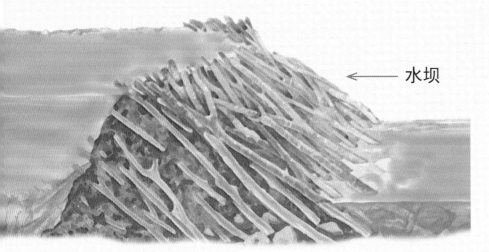

 水坝

河狸的哭泣

幼小的河狸会在一个舒适的水下室内出生，两岁之前，都会在父母的照顾之下生活。幼小的河狸似乎很害羞，它们的声音会让人想起小孩子的哭泣声。

优秀的游泳者

河狸游泳和潜水很厉害，因为它的皮毛厚实、温暖而防水。覆盖着鳞片的尾巴扁平有力，就像桨和方向舵。其后肢脚趾之间有蹼，眼珠上的透明膜像游泳镜。即便是游泳界的奥运冠军也会羡慕河狸得天独厚的自身条件。

野兔和穴兔

野兔和穴兔主要生活在草地和森林周围。从远处看，可能很容易把它们弄混淆，因为它们看起来很相似。但是如果对它们仔细观察，你就会发现野兔和穴兔之间有很大的差异。野兔更大，耳朵几乎是穴兔的两倍，后腿更强壮。穴兔耳朵的末端更圆，眼睛不那么鼓。另外，野兔耳朵的末端是黑色的。

野兔

穴兔

野兔的耳朵很长，眼睛大而鼓，后腿比前腿长很多，皮毛柔软，呈灰褐色，有利于其隐藏在植被之中。冬天，野兔毛变得更加密集和轻盈。

在林务人员和猎人那里，野兔身体的每一部分都有自己的特殊名字。例如，耳朵叫"听耳"，尾巴叫"兔尾"，腿叫"跳腿"。

野兔善于持续快跑。逃命时，它能以每小时80千米的速度飞跑。

野兔

野兔是草食性动物。在春季和夏季，它吃郁郁葱葱的植物。在冬季，它吃灌木和落叶乔木的树皮，在田里吃冬季谷物。它也愿意去没有篱笆的果园偷啃果树幼苗。

运动员

野兔有许多敌人，例如狐狸和猛禽。速度、警惕性和灵敏度是野兔防范天敌的优势条件。如果遇到危险，野兔会立即改变奔跑的方向，迅速逃跑。因此，突然转身并冲刺快跑是它逃离捕猎者的关键技能。

野兔的窝

野兔不挖洞穴，而是在地面上造窝。当我们看到一个地方覆盖着一层皱巴巴的草皮时，很容易看出这究竟是独居野兔的地盘，还是雌性野兔和幼崽的住处。野兔幼崽出生的地方常常铺着成堆的毛。

野兔过着独居的生活，黄昏时进食，白天休息。

穴兔

穴兔比野兔小，耳朵较短，前腿也偏短。穴兔是群居动物，很多成员生活在一起。它有发达的洞穴网络系统，几乎整天都在里面休息，也在里面生育并照顾幼崽。通常一个洞穴由共享一片草地的几个穴兔家庭占用。野兔家族的扩增非常迅速，一只雌性穴兔一年大约能生育40只幼崽。

交配时节，晚间你能在田野上看到野兔们打斗的场面。那是雄性野兔们为争夺雌性而战，它们之间会弹跳、撕咬。

从远处看，它们之间的战斗似乎很有趣，但通常会以互相撕裂皮毛和咬伤尾巴而结束。

蓬松的球

在一年中，一只雌性野兔可以生育3～4次。初春，第一胎幼崽来到这个世界。在一个穴里有2～5只幼崽。幼崽天生就有皮毛，眼睛一下就睁开了。然而，它们十分脆弱并且面临许多危险。首先，它们容易被捕食者发现并抓住。这些小家伙们会紧紧地抓住地面，彼此拥抱，像蓬松的球，几乎不动。

短暂的童年

幼崽生长迅速。出生几天后，它们可以和成年野兔吃一样的食物。雌性野兔一般会照顾幼崽一个月。然后，它们就各自开始成年独居的生活。

警告系统

穴兔的洞穴至少有几个入口。在有危险的情况下，第一只穴兔会立即用后腿跺脚，警告同伴有危险。它们通过最近的入口，迅速进入洞穴里面。

狼和猞猁

　　狼和猞（shē）猁（lì）是捕食者，它们是肉食性动物，以其他动物，特别是哺乳动物为食。每种捕食者使用不同的狩猎技术，但都是优秀的猎手。狼集体捕食，每只狼都有指定的追捕任务。猞猁则于夜间狩猎和伏击。

狼

　　狼生活在被称为狼群的家庭中。每一个狼群都由一对狼领导——一只雄狼和一只雌狼，其余的狼完全服从领头狼的领导。家庭中的每个成员都知道自己的权力以及地位。只有领头的一对狼才有繁殖权，并在所有成员的帮助下照顾幼狼。

幼狼主要在初春来到这个世界上，当它们逐渐长大并且可以吃固体食物时，就开始和父母一起捕猎。

为了寻找猎物，狼群会穿越大片地区，甚至行走几十千米。

新一代

　　狼会找一个安全、不易被发现的居处生产幼崽，用柔软的青草和苔藓等待着狼崽的到来。母狼是非常有责任心的母亲。对于刚刚来到这个世界上一周的狼崽，它不会让它们孤单，而是给它们喂奶、舔舐以及温暖。此时，幼崽的父亲则很关心母亲的食量，会给它带来猎物。

沟通

　　狼群非常活跃，家庭的通信系统也有助于加强家庭联系。我们知道的就是它们的一声长啸，但声音信号范围不同，存在不同的声音。

追寻猎物

　　狼群一般在晚上狩猎。它们看到猎物后，可以在后面跟踪很长时间。它们耐力很强，猎物大多是弱小的动物——老的或生病的。

猞猁

猞猁是独居者。它只知道自己走过的路径和地方，擅长爬树和跳跃。它非常警惕，听觉特别好。头部两侧密集的皮毛和耳朵上的簇毛有助于其捕捉到最小的杂音。

雌雄猞猁有各自的领地，它们会留下痕迹和气味来标记它们的领地边界，例如留下尿液。

哺育幼崽的母猞猁必须更加频繁地进食，至少每天两次。

猞猁可以像猫一样，很轻松地爬树。

在天气晴朗、阳光明媚的日子里，猞猁喜欢在倒下的树干或岩石上玩耍。

捕猎

猞猁主要靠猎捕狗和雌鹿为食，但很少猎捕雄鹿。猞猁作为捕食者，经常在狗和雌鹿出没的小径旁寻找猎物。它每次饱餐一顿后能维持数天不吃，并且躲在森林落叶层或灌木丛中休息。猞猁平均每5天捕食一次。

珍贵的皮毛

猞猁很在意自己的皮毛，经常舔舐清洁。其皮毛在夏季呈红棕色，在冬季则会褪成浅棕色。

狐狸

　　狐狸的尾巴又长又蓬松，听觉和嗅觉灵敏。狐狸会长时间追踪猎物，小心翼翼地跟在后面进行观察。其食物包括野兔、穴兔、老鼠、鸟类和卵，偶尔吃青蛙和蜥蜴。它住在靠近人类住处的地方，会偷偷溜进村里捕食，例如从鸡舍偷走一只母鸡。

狐狸身上的颜色多变——从浅色到黑色。

狐狸的洞穴很深，能到达地下3米左右，至少有好几个入口可以通进里面。

狐狸通常都有好几个洞穴。它们在主洞穴里面生育、抚养后代。雌性和雄性狐狸一起照顾幼崽。等小狐狸长大后，父母会一起教它们捕猎。

狐狸是穴居动物，经常会占领獾（huān）挖的洞穴。另外，狐狸的洞穴和獾的洞穴很容易区分。狐狸非常懒惰，因此洞穴的周围经常堆积着食物和粪便，气味很难闻。

狩猎技术

　　狐狸在猎捕小型啮齿动物与大型猎物时完全不同。狐狸捕食主要利用其特别的听觉优势。它听声音时，几乎将嘴巴贴在地面上，探测地下通道和地穴的声音。当它追踪到啮齿动物时，就会挖掘地面并捕捉。如果啮齿动物在地面上惊慌乱跑，狐狸就会从高处发起一种特别的攻击：它高高站立，然后对处在慌乱中的猎物进行袭击。

狐狸的脸很长，耳朵很突出。

狐狸是一种天黑后很活跃的动物，因此常会在偷偷摸摸地穿过草地或田野时被发现。

小狐狸

　　小狐狸会在白天离开洞穴，在洞穴入口附近玩耍。它们会嗅一嗅附近的草和灌木丛，相互嬉闹，但也会保持警惕，不远离洞穴。

狐狸皮毛

　　狐狸皮毛非常漂亮、温暖，通常背上是红褐色的，底下是白色的。狐狸尾巴的尖端是白色或黑色的。它的毛在冬天会变得很长很厚，可以保护其免受寒冷。

狐狸一窝产下几只幼崽。小狐狸出生后看不见，也听不到声音，皮肤呈黑灰色，喉部有白斑。

獾和熊

獾和熊在行为等方面表现出许多相似之处。它们都有锋利的爪子，移动时把所有的脚放在地上。走路时，獾和熊看起来都有点儿笨拙，但如果有必要，它们可以快速奔跑。攻击状态的熊可以加速到每小时60千米。熊是杂食性动物，独自进食，能吃很多东西，特别准备要冬眠的时候。它会提前建好冬眠的安全场所。

黑白相间的脸

大型的獾有漂亮的皮毛——背部呈银灰色，脸下和脚上呈黑色。狭窄的头部是白色的，只有从鼻子到眼睛的两侧有黑色条纹延伸到耳朵。

獾

獾是位于草地和田地附近落叶林混交林地带的居民，和家庭成员一起生活。我们很难见到它，它主要在夜间出没，活动非常隐秘。獾选择丘陵地区作为住处，而不是积水可能涌入洞穴的湿地。

獾的爪子

晚上进食后，獾会在黎明时回到洞穴。

獾移动时并不优雅，它的腿很短，从一边向另一边倾斜移动。

住所

獾有强壮的脚掌以及适合在地面挖掘的爪子，会自己挖洞，而不只是任意选择一个地方。穴兔和河狸也有类似的建造自己洞穴的能力。獾的建筑与人类的房子有一些相似，房间具有各自的功能，有些是卧室，有些则是儿童房。獾还挖掘出远离房间用作厕所的特殊洞穴。它的家中很有秩序，不会把垃圾留在房间或房间附近。

一个洞穴可以被獾的家庭使用很长时间。它不断被扩大，甚至可以有几十个入口、几个层次，占据像我们两室公寓一样大小的区域。

棕色的巨人

一只成年雄性棕熊体重达400千克，当它用后腿站起来时，身高将近2.5米。雌性棕熊体形较小，但仍令人印象深刻。

锋利的爪子

熊是一种巨大的动物，所以熊掌也很大。每只熊掌有5个强大而尖锐的爪子，可以很容易地杀死鹿之类的大型动物。由于爪子锋利而坚固，熊能迅速地爬上树。

冬眠

熊冬眠时会待在安静的居处，即熊洞。在冬季睡眠时，它什么东西也不吃。它的身体在夏季和秋季积累了大量的脂肪。尽管在冬眠之前，熊已经吃饱并且体重逐渐增加，但它醒来后还是消瘦了，当然也很饿。

深棕色的熊皮毛很厚。

大餐

冬眠醒来后，熊立即开始寻找食物。它很想找到大型哺乳动物，因为它一次可以吃大约40千克的肉。如果实在追捕不到狍（páo）和鹿，它对雪下埋藏的动物残骸也会感到满意。

食谱

在春季和夏季，森林里植物的嫩芽、新芽、根须都不缺时，熊很乐意使它的食谱多样化。秋季，各种森林野果也会出现在它的食谱中。

熊宝宝

熊宝宝冬天在洞穴里出生。熊妈妈会给体毛稀疏、没有视力的熊宝宝喂奶，并用自己的身体给它们温暖。熊宝宝在4月份冬眠结束时离开洞穴，这时的样子就像绒毛球。

注意，熊出没！

熊可是非常危险的，因此，如果你在山路上遇见熊，一定要非常小心。不要试图靠近它，更不要给它喂吃的。不要逃跑或试图吓唬这个捕食者——它可能会感受到威胁而进行攻击。你最好安安静静地尽快退到一个安全的地方，然后通知救援人员或森林警卫。

野牛和野猪

　　这两种哺乳动物虽然外表迥异，但是有很多共同之处。它们都是杂食性动物，在早上或晚上觅食，而且它们每天都喜欢待在自己的居处。它们的食物包括植物的绿叶和根，以及昆虫幼虫、森林野果，甚至其他动物的尸体。这两个物种群体都由雌性和幼崽组成，由年龄最大、最有经验的雌性领导。雄性野牛和雄性野猪都独自生活。

在沙上洗澡

　　野牛爱沙浴。它会选择很少长草的林中空地，躺在地上并滚动。在这样的沐浴中，野牛可以摆脱皮肤和体毛中顽固的虫子。

雌性野牛与小野牛

野牛

　　野牛强大而令人敬畏。成年雄性野牛重达1吨，成年雌性野牛并不会小很多。雄性野牛和雌性野牛的头上都有角。

帮助野牛

　　在春季和夏季，雄性野牛过着孤独的生活。只有在冬天来临之前，它们才会融入野牛群。一个野牛群可以有数十头野牛，在林地、草地和耕地寻找食物。它们不必害怕饥饿，因为林务人员经常会为它们提供食物。

野猪

野猪是家猪的祖先，它们非常相似：有一个巨大的楔形头部，一个长长的鼻子，一个粗壮的躯干，以及蹄状的四足。野猪区别于家猪的是它的皮毛粗糙，呈灰棕色，尾巴短且末端有一簇毛。理所当然地，野猪常被称为"野生猪"。野猪生活在被称为"猪群"的家庭中。雄性野猪被称为"公野猪"，雌性野猪被称为"母野猪"，小猪被称为"幼野猪"。

长鼻子

野猪是喜爱橡子、昆虫幼虫和植物根的美食家。它用长鼻子掘土，把食物从地下挖出来。成年公野猪的鼻子两侧都有牙。较低的獠牙长而弯曲，根据形状特征，我们称它们为"军刀"。

泥浆浴

在炎热的天气，野猪急切地洗泥浆浴。它们在大水坑里翻滚。泥浆粘在它们的皮毛上，起着驱蚊剂的作用。另外，水有助于降温。沐浴后，野猪喜欢在树上蹭。

母野猪和断奶的幼野猪

令人惊讶的野猪

野猪是杂食性的。它们吃橡子、浆果、草和植物的根。它们经常去农田寻找食物，喜欢以马铃薯和玉米为食。

野猪非常凶猛

野猪有极好的嗅觉和听觉，非常敏锐和警觉，一旦注意到森林中有一丝动静，便迅速逃脱。母野猪更加警惕。当认为幼野猪有危险时，它必定会进攻。

幼野猪

幼野猪看起来像父母，但它们的皮毛颜色完全不同。有着纵向条纹的幼野猪呈黄褐色。随着幼野猪的成长，条纹消失，皮毛颜色变深。

鹿和狍

鹿、狍、驼鹿都是绝对的素食主义者。它们属于草食性动物。它们的食物在一年中略有变化，一些食物被其他食物替代，但都是以植物为食。这些草食性动物有时会对森林造成相当大的损害，它们会啃咬乔木和灌木的树皮。

鹿

雄鹿头上有角，我们称之为鹿角。冬天的时候雄鹿的旧角会脱落，并在春天长出更漂亮的新鹿角。雌鹿又称母鹿，没有鹿角。

雄鹿

雌鹿

发情期

秋季交配的季节，被称为发情期。雄鹿会寻求雌鹿的青睐。最强壮的雄鹿周围聚集了十几头雌鹿，它们以后会生下幼崽。每头雄鹿都会宣誓对雌鹿的所有权，向试图抢走配偶的对手咆哮。

冲突

雄鹿会为了雌鹿大声吼叫发出警告，通常足以吓跑对手，但有时还需要展示自己强大的力量和骇人的鹿角。雄鹿会边跑边观察机会。如果对手试图加入，那么它将会用鹿角相撞，直到一方服输并撤出决斗为止。

白色斑点

小鹿的背上有白色斑点。这使它在森林灌木丛中不容易被发现。母鹿会把小鹿藏在隐蔽处吃草，以防止引起捕食者的注意。

变化的菜单

胆小的鹿会到它们认为安全的地方去觅食。春季和夏季，它们以乔木、灌木和草的嫩芽为食。秋季，它们选择橡子和山毛榉坚果。而到了冬季，它们喜欢吃地衣、苔藓和树皮。

狍

狍要比鹿小一些，有着红褐色的皮毛。冬季前，它身上的颜色会变成灰棕色。狍经常成群觅食，并且穿过森林到田野里去。雄狍头顶的角要比鹿小，通常只有三个分叉。

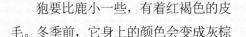

狍与鹿

人们常常把狍与鹿混为一谈，或者认为它们是同一物种。事实上，它们属于不同的物种。

雌狍

雄狍

幼狍

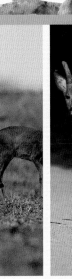

适度的角

雄狍头上会长角。角在秋季会脱落，而新角会在冬季重新生长出来，上面覆盖着一层供血的薄皮层。这种新角叫鹿茸。当角完全长大后，雄狍会在树上摩擦角。

春天，雄狍会长出新角，同时褪去旧的皮毛。

在田野上

狍会成群寻食，清晨和黄昏是它们最喜欢吃东西的时候。因此，十几只狍一起在田间或草地上寻觅食物的景象并不少见。狍觅食的时候非常警惕，如果发现危险，它们会立即消失在周围的灌木丛中。它们臀部的白色斑点可以帮助同伴确定逃跑时各自的位置。

跳跃能手

安静的欧洲狍以植被为食，经常漫步在草地或田野上。但是当被某些东西惊吓到时，它就会立即跑开，并且跳得很高，能达到几米高。

驼鹿

驼鹿主要栖息在潮湿的地区：沼泽地区或潮湿的森林。由于腿长以及特殊的蹄结构，它可以在沼泽地上行走，尽管它很重，也不会陷入泥潭中。成年雄性驼鹿可重达400千克。驼鹿通常走得很缓慢，很少小跑。

防守

虽然驼鹿的角在危险情况下是一种强大的武器，但驼鹿只在求偶时才用上。在与掠食者（如狼）的冲突中，它会使用长腿，让掠食者感到疼痛。

来自沼泽的迁徙者

秋天，驼鹿会离开湿地，前往干燥地带过冬。你可以在松树林中找到它。它是很有耐力的迁徙者，能够行走很远的距离。看上去，由于角很大，驼鹿似乎很难穿过树林和灌木丛。但是，雄性驼鹿非常灵活，能够巧妙地避开树枝等，不会卡在丛林中。

在湿地上

驼鹿是很好的游泳者。有时候它能游很远的距离，甚至还可以潜入水下好几米，特别是当水底有它最喜欢的水生植物时。驼鹿通过踪迹或气味找到这些食物。

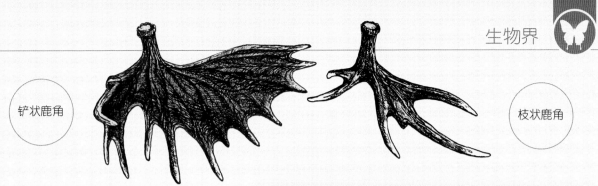

铲状鹿角

枝状鹿角

强壮的鹿角

驼鹿角很大，长在头顶两侧。有的驼鹿长着宽阔扁平的角，就像扁平的铲子，这种鹿角被称为"铲状鹿角"。以枝条的形式生长的鹿角被叫作"枝状鹿角"。驼鹿角冬天会脱落，春天会重新长出来。一段驼鹿角可以重达几千克。

雌性驼鹿和驼鹿宝宝都没有鹿角。

春天，驼鹿的美食是水生植物，如驴蹄草。

驼鹿宝宝

雌性驼鹿每胎生育一个或两个驼鹿宝宝。驼鹿宝宝颜色呈棕红色，身上没有白点。母鹿会哺乳驼鹿宝宝大概4个月。出生几天后，驼鹿宝宝就可以和母鹿一起散步。

驼鹿的食物

冬天，驼鹿靠树皮为生。夏天，它则会吃药草、多汁的嫩枝和绿叶，甚至能轻易吃到高高的枝叶。驼鹿最喜欢的食物是柳树枝条。

动物的踪迹1

　　许多动物生活在森林、草地、田野、花园中。你肯定从科普书和学校教科书里面了解了很多信息。但这不能取代在自然环境中看到它们的经历。要发现一只野生动物不是那么容易的。大多数动物都很害羞，会避免与人接触或逃离人群。但不要灰心，因为动物会留下许多踪迹，你只须知道自己要留心哪些东西就行。

河狸的觅食踪迹很容易发现和识别。河狸把树弄倒，从树枝上剥下树皮吃，并用剩下的树枝修筑水坝和房子。它最喜欢柳树和杨树了。

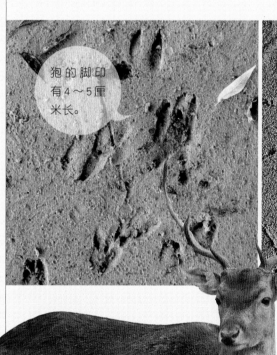

狍的脚印有4～5厘米长。

水鸟的脚印上可以看出脚趾之间有蹼连接。

鹿角

　　鹿、狍和驼鹿的角每年都会脱落一次。如果能找到这样的角那可是一个大发现。一段驼鹿角就可重达几千克，整个角甚至可达十几千克。

食物

　　动物还会留下很多进食的踪迹，例如草食性动物啃咬树枝和树皮的踪迹。所以，年轻树木的分枝和树干上会留下兔子和鹿的踪迹。

鹿角

驼鹿角

熊掌印

你不会把熊掌印与其他动物的混淆，因为熊掌印很大，而且还有爪印。

野猪足迹

野猪的蹄印很有特点，蹄印的边上有很深的洞，下图就是野猪留下的蹄印。

狐狸的脚印

狐狸与狗的脚印相似，但狐狸爪子上部的肉垫留下的印痕是左右对称的。

脚印和蹄印

印迹，包括脚印和蹄印，是最容易被发现的。它们是动物在陆地表面上留下来的，特别是在潮湿的地方。有蹄类动物经过时，会留下很多线索。例如鹿、狍、驼鹿、野牛和野猪会留下相应的蹄印。根据印迹，我们甚至可以查明动物是行走还是小跑。

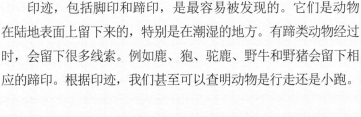

松鼠后腿的爪子很长，你可以在脚印上看到。

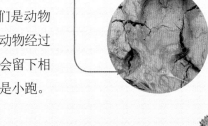

木材上的沟槽里可能会留有昆虫的幼虫，例如小蠹虫。

游泳胜地

一个树桩，特别是当它长在巨大的泥塘附近时，就成了野猪最喜欢的场所了。野猪一定会先在泥塘里洗澡，然后把身上的泥浆蹭到树桩上。

动物的踪迹2

　　许多动物都有休息的居处，这就是它们的窝了。这些地方通常草都是被压弯或不生长草，表面有土壤和落叶覆盖。

松鼠在树桩上结束盛宴后，会留下松球的鳞片和坚果壳。留下的东西证明了松鼠的存在。

一只松鼠正在咬松球。

啄木鸟在树上啄洞。

白天，野兔、鹿、狍和狐狸在窝里休息。

鸟的歌唱、青蛙的呱呱叫或蚱蜢的唧唧声都是熟悉的动物声音，但我们很少听到狼的嚎叫或鹿的咆哮。这样的声音也可以通过录音器或具有录音功能的手机进行识别、收集。

粪便

　　所有的动物都会留下粪便。有些类似于球体，有些像煎饼，还有些是细长状的。在草食性动物的粪便中，我们可以看到植物的残渣，而在一些肉食性动物的粪便中，会有被吃掉的动物的骨头和骨头碎片。

狐狸的粪便

草食性动物的粪便

觅食

　　啮齿动物觅食后会留下大量痕迹。草食性动物会咬树的树根和树皮，肉食性动物会留下猎物的残骸，如羽毛、骨头、蛋壳或贝壳。

貂是肉食性动物。

野兔或鹿会咬小树的树皮、树枝与树干。

蚁窝

　　蚁窝上的大洞是黑啄木鸟的杰作。冬天，它直接啄通蚂蚁蚁窝捕捉蚂蚁，甚至能啄出1米长的隧道。

黑啄木鸟

菌盖上有蜗牛和啮齿动物觅食的痕迹。

猞猁吃完狍后留下的骨头和皮毛。

进食后的残留

　　在动物留下粪便之前，它们必须吃东西。它们中的大多数都有自己的"餐厅"，即进食的地方。狐狸经常在窝附近进食，会把羽毛和食物残渣一起留在窝附近。其他捕食者动物，例如猞猁，在盛宴结束后不会留下太多东西。

自然环境

植物和动物生活在不同的环境中。在进化过程中，各个物种已经适应了高山、海洋、淡水、地下、天空、森林和炎热的沿海沙滩等环境。

　　自然环境也被称为天然的环境，包括自然界中相互联系的生物与非生物因素。自然环境围绕着生物体并为其生存创造了适宜的生存条件。在自然环境中存在自然平衡，物质和能量的循环是平衡的。

流动的水

　　沿着河岸散步，在镜子一样的河面上乘船游览或划独木舟；听着水的声音，看着水流向大海；在树荫下的岸边野餐，或者在风平浪静且沙滩上有人守护的河湾游泳；在镜面似的河面上钓鱼、放鸭子或划船……我们每个人都与河流有着愉快的联系。然而，河流也会有另外一面——涌进低谷，引发洪水，冲坏桥梁。一些水流会很深，并且会出现旋涡，这对鲁莽的游泳者来说十分危险。

　　河流自然、原始且强大——美丽却又危险。在它的表面和岸边，跳动着生命。

小溪、河流和湿地

你以前肯定见过不止一条河流。你也许通过了一座长长的跨越宽阔河流的桥；你也许走过了一条小河或一段狭窄的河道，因为河水不会超过膝盖。专家用"水道"来描述地球表面流动的水，如果是水流流动形成的通道，那么这就是河流。

河流学是一门研究河流的学科，它是陆地水文学领域的分支。

山间和湖区最常出现小溪。

山间溪流流动很快，干净而清凉。

小溪自由地流动

小溪比河流更短，聚集了来自相对较小区域的水。它通常会流经狭窄且比较浅的河床。一般来说，它会流入河流。在强降雨或春季解冻后，大量的水不能渗入地下时，就会形成暂时性的小溪。然后，这些小溪就会在特定地区排出多余的水。当天气变得干燥时，这些小溪就会干涸。

山上的溪流

溪流是一种流速较快的小溪。它在山间流动，穿过坚硬的岩石。溪水流动迅速，周围有岩石或巨石，在地势陡峭的地方能形成小瀑布或瀑布。

从源头到河口

河流源自水源，例如水从地下流向地表的地方。有时候，也会有河流不是从水源流出，而是从湖泊、冰川或沼泽中流出。但它们都是由一些水体供给：地表或地下水，另外还有降水。否则，河流就会干涸。河流从较高的地区流经较低的地区，最终流入另一条河流——这就是支流的流动情况。河流干流通常会流入大海或其他大型水域。河口可能是漏斗状或三角形，出口处容易形成河流湿地。

通常，河流的源头在山脉或高地地区，河流从那里流向下面的地区。

河流，根据它从源头到河口的路径，可以分为三部分：

上游

河流从山上或高地的源头开始，迅速流过该地区，形成很深的河床或瀑布。

中游

由于地形坡度较小，河流已经到达山脉底部并且流速较慢，河床更宽。

下游

河流缓缓流过平坦的地区，经过宽阔的山谷，在几乎平坦的地形上流动，并形成了曲折的河道，最后流入大海。

河流的上游水流迅速，落差大，河谷窄。

在河流的中游，河水在平缓的山丘和较宽的河床间流动。

在下游，河水缓慢流动，并在平坦地形上形成曲线形河流，即曲流。

鱼

白梭吻鲈

鲑（guī）鱼

河流上游水流流速快，是鲑鱼和茴鱼生活的地方。这些鱼喜欢在寒冷、溶氧量高、流速快的水中生活。

茴（huí）鱼

河流中游流速稍慢，是白梭吻鲈和鲃（bā）鱼喜欢的地方。

在河流下游，河水缓缓地流动，底部有泥沙，适合欧洲白鱼、丁桂鱼和欧洲鳊（biān）鱼生活。

丁桂鱼

欧洲鳊鱼

欧洲白鱼

湖泊

　　有谁会不喜欢在湖边休息呢？像镜子一样的水面，倒映着天空中的白云、岸上的植物、蝴蝶、蜻蜓和空中飞翔的鸟儿，这简直就是天堂！　夏天，你可以在水中沐浴，到岸边放松，欣赏落日。这种风景给予人们宁静的享受。

　　除此之外，你还能在湖边发现其他有趣的东西。因为那里生活着许多不同种类的大大小小的鸟类和其他水生动物。水中有许多种植物，而且岸边也生长着多种喜水植物。

　　带上一个双筒望远镜、一个放大镜，还有一个潜水面罩，去探索精彩的湖泊世界吧！

湖泊与池塘

内陆水资源可分为小溪和河流等流动的水，以及湖泊和池塘等静止的水。当然，湖泊和池塘也必须不断有水流供应，否则它们会因蒸发而快速干涸。通常，新的水来自溪流、河流、雨水或地下水。此外，还有人造水库的水。

湖泊以集群形式出现，形成湖区。

湖泊比池塘更大更深，所以有根植物只能在其岸上或浅滩中生长。

随着时间的推移，池塘会逐渐杂草丛生，变成沼泽，因为生根的植物会在整个池面生长。

湖泊是如何形成的？

湖泊是天然的水库。与3亿~4亿年前形成的古老的山相比，湖泊相对年轻，因为它们是在2000万到3000万年前形成的。大多数湖泊的形成与冰川有关，它们位于曾经被冰川覆盖的地区。当冰川融化后，冰川水流动填补了该地区的洼地，从而形成了湖泊。

湖泊学是陆地水文学的分支，主要研究湖泊。

池塘是什么？

池塘是一个小而相对较浅的积水水库，比湖泊小。通常情况下，它的深度不超过3米。跟湖泊的水一样，池塘的水不直接流进海洋，溪流或河流会汇入海洋。池塘很浅，所以太阳的光线能到达其底部，使池水很快升温。池塘的整个表面都有生根的水生植物。冬天，池塘的底部不会结冰，因此动物可以在里面生存。

天然与人造

根据池塘中水的来源，我们将池塘分为：

天然池塘：水源来自该地区的天然洼地，水面面积小于1公顷。

人造池塘：以装饰或经济为目的而人为建造的水库。

人造池塘经常出现在公园里，会吸引散步和休息的人前来赏玩。

鱼塘：用于养鱼的人造池塘。

人们会在鱼塘中创造有利于鱼类生长发育的最佳条件。

曾经没有湖泊的地方

人们也可以建造湖泊。在河流上建造大型水坝，使其水域广泛分布在自然形成的洼地或部分人工建成的盆地中。这些湖泊通常都会建造在缺乏天然水库的旅游区。同时，它们也是非常重要的蓄水池，可以积聚过量的水，防止发生洪水。另外，在水坝旁边，往往会建造水电站。

在湖中休息是度过空闲时间的一个好方法，你还可以划小艇或小船，观察湖里的动植物。

滑水或帆板运动给水上运动爱好者和观众留下深刻的印象。

潟湖

潟（xì）湖是湖泊的类型之一。当越来越多的泥沙沉积而将海湾与海洋分隔开后，就形成了潟湖。由于与海洋隔绝多年，虽然它是由海洋的一部分形成，却是淡水湖而不是咸水湖。

潟湖通常非常浅，平均深度为1.4米。

静止水体中的生物

不要以为在静止的池塘或湖泊中没有太多生命存在，这只是表面现象。其实，在深水区、水面或者岸边生活着各种各样的动植物。它们在这里获取食物，竞争生存空间和阳光，还有繁殖后代，这是一个多么精彩和神秘的世界啊！

芦苇是一种草本植物，高度可达4米。

香蒲主要生长在湖边、河边以及沟渠里。

萍蓬草对水污染十分敏感，因此如果它能在湖中存活，证明湖水很干净。

白睡莲是波兰野生植物中花朵最大的植物，它需要在至少18℃的温度下才能开花。

蒲黄

蒲黄又叫宽叶香蒲，根据它深棕色的花序很容易识别。夏末，当花序摇晃时，种子就会随风传播，因为这些种子具有像蒲公英种子一样易飞动的结构。

萍蓬草

萍蓬草有像蜡质的椭圆形的叶子，漂浮在水面上。在叶子之间，黄色的花朵挺立在水面上，而不是漂浮在水面上。萍蓬草的根部深植于水下。萍蓬草可供药用。

是不是百合？

白睡莲很受欢迎，虽然也叫水百合，但与真正的百合无关。它巨大的白色花朵漂浮在水面上，闻上去很香。晚上花朵会保持闭合。其叶柄可长达2.5米。

水中的甲虫

龙虱（shī）是一种生活在水中的大型肉食性甲虫。它的幼虫长约7厘米，成虫通常身长为3.5厘米，扁平的身体被黄色的边缘包围。这种甲虫不仅可以捕捉蜗牛、蝌蚪和小鱼，而且可以长时间待在水面下，因为它能把空气存储在翼盖下面。

龙虱有防御腺体，能产生分泌物，使受害者瘫痪。被它咬后，人会感觉很痛苦。

水虿（měng）的脚部覆盖着柔软的毛，因此站在水面上时不会刺破水面，只会使其轻微弯曲。

小小水上滑板

水虿是一种小虫子，最长可达2厘米。这是一种非常有趣的昆虫。它能在水面上移动，而不会浸湿腿部。它可以利用腿部和水面间形成的空气垫进行滑动。它以蚊子幼虫和其他昆虫为食，将嘴刺入猎物体内并吸出食物。

当水獭潜水时，它的耳朵和鼻孔被皮肤褶皱闭合。它呼吸一次就可以在水下停留长达7分钟。

水獭正在寻找鱼、蝌蚪和水虿。它潜水很厉害，甚至可以下潜到30米的深度。

凤头鹧鹧很容易识别，因为它有两个深棕色的羽冠，以及暗褐色的后颈。

游泳者和猎人

水獭是一种掠食性哺乳动物，在溪流、干净的湖泊和池塘边栖息。它的洞穴入口总是在水面下。水獭擅长游泳，并在晚上捕鱼。它白天会在一个洞穴里休息，不愿离开水域。它有一条长而有力的尾巴，爪子的脚趾通过蹼连接。

有两个羽冠的鸟

凤头鹧（pì）鹧（tī）是一种喜欢干净水源的鸟，很少飞行。在发生危险时，它更喜欢躲在水下。它会在芦苇中建造它的漂浮巢，捕食鱼类和软体动物，潜水深度可达30米。它会吃自己的绒毛并用其喂养孩子。

驴蹄草

勿忘草

椎实螺

翠鸟

森林——
地球的绿色之肺

　　童话故事中，主人公经常迷失在黑暗森林的深处。遗憾的是，我们地球的自然森林面积却越来越少。人类破坏森林、砍伐树木，工业生产污染森林，这一切多么糟糕啊！森林能吸收人为产生的二氧化碳，并产生生命所需要的氧气。确切地说，森林是地球的绿色之肺。

树的一生

树木会产生种子，种子继续传播并发芽。就像每一个生物体一样，一棵树由种子开始生长、发育，经历一段青春期、成熟期，然后变老并最终死亡。树的生命周期非常长，因此它们的寿命很长，能活几十年甚至几百年。

艰难的开始

只有一小部分种子可能会发芽，因为大多数种子都会落在不适合发芽和生长的地方或被动物吃掉。还有许多幼苗会死亡，其中包括被动物吃掉、践踏或遭受疾病、干旱、霜冻等。随着树木的生长，它们对破坏性因素的抵抗力也越来越强。因此，它们进一步生长和发育的机会也随之增多。

播种

种子，例如橡子或带有"翅膀"的种子，会从树上落到地面上。

发芽

度过冬季后，种子会在春季发芽。它的外壳破裂，因为里面的胚胎每天都在膨胀和生长。

生根

种子首先长出根来，将新生植物固定在土壤中，并从土壤中吸收水分。

成长

接着长出芽，即植物长出地面以上，茎部还有其他的根开始发育。

长叶

先长出两个胚叶，即子叶，然后发育更多的叶子。

幼小的、新生的橡树苗。每棵树最艰难的时期就是其存在的第一个月。不是每棵幼苗都能见到第二年的春天。

新叶

　　形成新的叶片，光合作用全面开始。

向阳而生

　　一棵幼小的植物向有光的方向生长，芽不断发育，叶子形成，根系也随着生长。

夏天的植物

　　它已经是一棵小树了，如果能在冬天幸存下来，那么在接下来的几年里，它会一直生长并达到一定的高度。

死亡的树木被分解者（例如真菌和细菌）分解，也会被昆虫幼虫蛀食。

当生命即将结束时

　　树木在一生中会受到各种伤害，例如食用树木组织真菌的破坏，昆虫（如蠹虫、甲虫幼虫）的攻击，动物啃咬树皮，闪电或火灾的破坏。攀缘植物（如常春藤）会把树干作为支撑，慢慢破坏树干。另外，树上还会长地衣、苔藓、寄生或半寄生生物（如槲寄生）。树木会逐渐衰老，最终死亡。

隐藏的秘密

在树林里散步时，我们能看到树的外表。我们可以看到一个由树干、主枝和侧枝组成的树冠。树冠上长满了秋天会掉落的叶子或常绿的针叶。我们看到被树皮覆盖的树干，但那并不是全部，还有隐藏在地下的树根，以及树上的花和包含种子的果实。树干里面是什么样的呢？让我们一起来发现树木的秘密。

周长和树龄

树径每年平均增长2.5厘米。在茂密的森林中，这些增量更小，因为树木要向上朝着太阳生长。周长增长速度在遇到干旱、晚霜或虫害时会减慢。在这些年中，年轮较窄。但是，如果树木在最佳条件下生长并且没有生病，则可以假定树每长一岁树径就增长2.5厘米。例如，你可以假设一棵树干周长2米的树约25岁。

在不切割树的情况下，推测树龄的方法是测量树干周长，一般在树干高于地面1.3米的高度处测量，并根据林业人员熟知的公式转换为树龄。

树干分层结构

形成层：创造性组织，细胞分裂剧烈，会产生所有其他干细胞。

韧皮部：从叶子传导营养素的纤维组织。

树皮：从外面覆盖树干，为它提供防止疾病伤害、防晒和防风的保护。

木质部：从根部向树干、树枝和树叶传导水分的组织。

木质部分为
边材：年轻的木材，更柔软轻盈。

心材：较老的木材（由边材形成），较硬，比边材颜色深，占了主干的大部分。

松树

橡树

桦树

树皮是树的皮肤，可以防止水分蒸发与害虫攻击。每种树的树皮都有其独特的质地和颜色。

云杉八齿小蠹

这种蠹虫被认为是对森林危害最大的害虫之一。它在云杉林中造成了最大的破坏，对松树和落叶松也有破坏，大量树木被侵袭后会受损和老化。这种蠹虫会在树皮下挖掘坑道，并产卵。贪婪的幼虫从卵孵化出来后，会继续啃噬树木制造坑道，从而削弱了树木。这种蠹虫成年后以木头为食。

树上的灌木丛

即使在冬季，你也能在一些树木上发现生长的球形生物体，那就是槲寄生——一种寄生类植物。它自己产生必需的营养，但需要从寄主植物上吸取水分和无机物。它有吸盘，能伸入树皮中吸收水分。槲寄生生长在杨树、桦树、椴树、枫树和果树等不同树种上，能长出白色的浆果。在冬季，鸟类会食用它的种子，并向其他树木上传播。

根的作用是什么？

树根将树固定在地上，并从土壤中吸取水分。有些树木具有发达的根系，深入地下。例如橡木的根桩（或主桩）长达30米！然而，有些树木的根部生长就较浅，但密度很大，覆盖面积很广。例如枫树的根系位于60厘米左右的土壤层中。如果刮大风的话，根系浅的树木就容易被刮倒。

被云杉八齿小蠹挖空的通道形状类似于埃及象形文字。这些通道是雌性昆虫产卵和孵化幼虫的地方。

几个世纪以来，人们都认为槲寄生是一种具有魔法的生物，能够为房子带来幸福和财富。人们会在圣诞节用槲寄生装饰自己的房子，这是一种留存至今的习俗。

倒下的云杉。这种树生长在山坡上。山坡上的岩石上面仅覆盖一层薄薄的土壤。因此，这种树的根系很浅。这就是为什么当刮焚风时，它很容易被刮倒。

草地上
发生了什么事？

　　很久很久以前，也就是在人类出现之前，地球上森林密布，杂草丛生。只有在河谷中和湖泊岸边、在森林空地和高山上才有天然草场。当人们砍伐森林后，新的草地就出现了。

　　新的草地由杂草和其他草本植物（如花卉和香草）构成，它们密集地相互缠绕在一起，根和茎形成了一层厚厚的绿色地毯，也叫草皮。草地上的草被修剪后，或者被泛滥的洪水淹没后，会重新生长。

生机勃勃的绿色地毯

草地是一个疯狂生长的绿色植物群落。此外，草地上有许多五颜六色的开花草本植物、多年生植物、苔藓植物和草药。草地是由相关的植物和动物物种组成的多样化生存环境。

草地上生长着五颜六色的花卉，令人感到欣喜。同时，它们也是蜜蜂和蝴蝶的天堂。

我们一起来观察草

草是草地、牧场和荒地中最重要的植物。草是一种草本植物，当霜降来临时它就会死亡。因此，它的生长季节从春季持续到秋季。每根草都有草质茎，它是一个中空的管子，通过茎节分成几个部分。草还有长而窄的叶子和小而不显眼的花朵（没有五颜六色的花瓣），这些花朵聚集在细长的穗或分枝的圆锥花序中。大多数草种都是靠风媒传播。

看起来草地似乎只有单一的绿色植被。

顽强而茂盛

草是生命力顽强的植物，被人们践踏、被牧群啃食、被收割焚烧后，它总是能重新生长。定期修剪草地或在其上放牧，可使草生长得更快更密，这归因于其独特的繁殖与生长方式。草能从一个芽里面长出很多叶子，又能从每个茎节开始生长，而非从茎的顶部，所以修剪无法阻止其生长。

草地被修剪或被动物吃掉一些后，会变得更密，并且生长得更加茂盛。

猫尾草喜欢肥沃、湿润的土壤。这种草可以制作成非常好的饲料。

多年生黑麦草也被称为英国黑麦草，动物很喜欢吃。这种草非常适合种植在足球场。

草地早熟禾比其他草生长得慢，但对践踏和放牧很有抵抗力。

草甸羊茅适合在牧场上种植，因为它可以提供干草料，或用于放牧。

鸭茅在早春时节长得非常快。

草地上的不同植物种类彼此共存，但也有竞争，例如，它们会释放抑制其他物种生长发育的物质。

在草地上，你可以玩得很开心，放松地观察生活在那里的动物。

人们从草地中获益良多——可以割草以获得农场动物的干草料，还可以在植物生长季节放牧。

多层组成结构

草地上不仅有草生长，还有许多五颜六色的鲜花。看着野外的草地，我们仿佛看到一幅有着绿色背景、看似混乱却丰富多彩的画。而且草地上的植被形成了有序的层次结构，以便充分利用土壤和阳光，并且更有利于昆虫为花朵授粉。

颜色的变化

即使是同一片草地，每隔几周去看也会有所不同。各种各样的花草会相继开花。它们为什么不同时开花呢？这是大自然智慧的体现。随着时间的推移，开花过程从春季、夏季延续到冬季，为昆虫持续供应花蜜和花粉——这些植物可以通过昆虫传粉、结果。

草地的分类

- 自然草地：那些自然生长的草地，并且不会发展成森林；目前这种草地很少，例如山间草地或沼泽草地。
- 半自然草地：由于轻微的人为干预而形成的，这种干预使其变得肥沃，然后再被使用。
- 人造草地：这些草地是由于人类的活动而形成的，并且被人类系统地开发使用，即割草或放牧。

草地里有什么？

　　草地并不仅仅是一个普通的动植物群落。它是一个复杂有序的系统，其中的每一种生物都相互关联。植物会充分利用土地和阳光生长；动物则会在草地上挖掘洞穴或筑巢，以植物或其他动物为食。

剪秋罗

酸模属

常见而且有毒的植物

　　草甸毛茛（gèn）通常生长在凉爽、潮湿的草地里。它含有一种有毒物质，味苦而难以入口，即使咀嚼茎也会导致恶心。人的皮肤接触其汁液可导致灼热、发红和出现水泡。然而，动物食用这种植物却没有问题。

药用花卉

　　洋甘菊是一种对生活环境要求很低的植物，即使在十分贫瘠的环境中也能生长，但它需要大量的阳光。这是一种已知的草药，洋甘菊油可用于化妆品和医学（可治疗皮肤炎症，舒缓刺激和过敏反应）。

蒲公英——
自然界的风筝

　　蒲公英是草地、田地、草坪和花园中常见的植物。它的花期很长，从4月一直到10月。它的种子很轻盈，能在风中飞翔。每粒蒲公英种子都有伞状结构，有利于通过风进行长距离传播。

蜜蜂的最爱

　　白三叶草在牧场、草地和路边都可以生长，因此也是农作物和花园中难以对付的杂草。它是一种有价值的动物饲料，因为含有大量的蛋白质。其花朵呈球状。白三叶草是一种含有大量花蜜的蜜饯植物，蜜蜂和熊蜂会去收集花蜜。它的近亲红三叶草的花朵更大，但只能通过熊蜂进行传粉。

荨（qián）麻

金丝桃

婆婆纳

雏菊

风铃草

千叶蓍（shī）

经过4年的地下生活后，蛴螬会变为成年的金龟子。

昆虫"鼹鼠"

欧洲蝼（lóu）蛄（gū）是蟋蟀的近亲，身体长达5厘米。它大部分时间都生活在地下通道里面。它不能在里面转向，只能向前或向后移动。它的前腿呈刀片状，强壮并有尖刺。欧洲蝼蛄以植物的根、其他昆虫和蚯蚓的幼虫为食。

草地居民

黄鹡（jī）鸰（líng）生活在草地和牧场。然而，它的近亲白鹡鸰一般不会在草地上出现。黄鹡鸰是一种尾巴长、体形小的鸟。大多数情况下可以在地面上看到它，它不会逃离人群，也不会避开被发现的地区。它会站在较高的植物或小丘上，不怎么摆动尾巴。

贪婪的害虫

蛴（qí）螬（cáo）是一种幼虫，经过变态发育后会变成昆虫。成年前，它要在土壤中经历长达4～5年的生长发育。蛴螬粗壮，呈白黄色，不易移动且非常贪婪。它以农作物（土豆、甜菜）以及草、树的根为食。它会严重损害植物根部，导致其死亡或枯萎。

聪明的小东西

巢鼠是一种小型哺乳动物，身体长5～7厘米（不包括尾巴），体重仅仅4～19克。它是攀岩的冠军。它大部分时间都在地面活动，能巧妙地绕过草质茎和其他植物的茎。它的球形巢与叶子交织在一起，附着在茎上，甚至能高出地面1米。

致谢

感谢以下照片作者提供图片使用权：

Fotolia – @nt , A.Hornung, Accent, Adam Szypowski , adisa , aglebocka, Alan Heartfield, Aleksander Bolbot, Alessandro Laporta, alessandrozocc, Alex, Alexandar Iotzov, Alexander von Düren, Alexandr Ozerov, Alexey Stiop, Alonbou, alpinet1, amandare, Anatolijs Kivrins, Andreas Gradin, Andreas Meyer, Andrew Watson, andrus, Andrzej Tokarski, andrzejkrupa, Andy Lidstone, ant236, Antje Lindert-Rottke, anton, Anton Gvozdikov, Antrey, Anyka, Apart Foto, apttone, Arcady, Arid Ocean, Armando Frazão, Arne Bramsen, arokhy, Arpad, ArtPhotoConcept, Arvydas Kniukšta, avdwolde, avs_lt, Ayupov Evgeniy, B. Kieft, Banksidebaby, batoo21, Beboy, Becky Stares, Bergringfoto, Birgit Brandlhuber, Birgit Reitz-Hofmann, Blickfang, blindfire, BlueOrange Studio, Bogdan Dumitru, Bogdan Wankowicz, Bojan Stepancic, Boris A, Brad Sauter, Bruce MacQueen, Caleb Coppola, Calzada, carmelo milluzzo, Carola Schubbel, Carrick Jones, Cathy Keifer, Caz Jones, cbphoto, Chee-Onn Leong, chesterF, Chris Gloster, Christian Pedant, Christophe Baudot, Christopher Howey, chungking, chyzio, claudia Otte, claudiu paizan , Close Encounters, cmoffat , Colette , comar, Corbis, Cosmin Manci, coulanges, creator7561, cristimatei, cypriand, danielschoenen, Dariusz Pokus, Dave Massey, david purday, David Woods, dbrayack, dd, Dean Pennala, delmo07, demarfa, dennisjacobsen, Derrick Neill, Detlef, Digipic, diogomsmd, Djordje Korovljevic, dlrz4114, DLVV, Dmitriy Sharov, Dmitry Sunagatov, dreamnikon, Dreymedv, dule964, dzain, Edyta Pawlowska, ELEN, Elenathewise, Elina Gareeva, eloleo, Elyrae, era300, Eric Gevaert, Eric Isselée , Ervin Monn, espion, evgeniy bokhach, Ewa Brozek, felinda, Felix Pörtner, fjparent, flashpics, FlemishDreams, Florian Andronache , flyfisher, FomaA, Fotografik, fotokalle, Fotolia XII, Fotolyse, fotoproduct, fotoreisen.com, Franck Boston, Francois du Plessis, Frank Eckgold, Freddy Smeets, Frédéric Prochasson, Friedrich Hartl, FttSniper, Gabriela, Gail Johnson, gallas, GeoM, Georgiy Pashin, Gerisch, Gerrit de Vries, Geza Farkas, Gibbel, Giuseppe Porzani , Gkor, go2.pl, godfer, Gorilla, gousses, GP, Graphies.thèque, Gudellaphoto, Guillaume Roedolf , hakoar, Hallgerd , Hantzb, Harald Lange, HelleM, Hellen Sergeyeva, Henryk Olszewski, Herbert Kratky, hiking track Hirschgrundweg 13, hmr, HP_Photo, hraska, Hunta, Iain Boyd, Ichbins11, iChip, Igor Chaikovskiy, Igor Gorelchenkov, Igor Kaliuzhnyi , Ilja Mašík, ingwio, IntelWond, interfoto4, Iosif Szasz-Fabian, Irochka, isidore, itestro, ivang35, Ivonne Wierink, jakezc , Jan Zoetekouw, jancio, János Németh, Jaroslaw Grudzinski, jcpjr, Jean-marc RICHARD, Jean-Marie Polese, Jeff Schultes, Joachim Neumann, joda, Joerg Mikus, john barber, John Sandoy, jonnysek, Jorge Chaves, JPS, jscalev, Jucamuro, juhanson, Julius Kramer, juliyarom, Juriah Mosin, Juris Krumins, Juris Simanovics, Justin Kasulka, Juststone, K.-U. Häßler, Kaarsten, Kaido Kärner, Kamil Ćwiklewski, Kari N, karipu, kasablanka, kaycee, kernel, kids.pictures, Kimsonal, Klaus Eppele, Klaus Reitmeier, kmit, koletvinov, koniev, korben18, kosanperm, krafix40, krzysztof siekielski , kubais, KuLeR, kyslynskyy, Lagopède, Lars Johansson, Lars Lachmann, Le Do, LeChatMachine, LianeM, lilithlita, lilya, lnzyx, Lorraine Crawley, Lotharingia, luchshen, Ludmila Smite, Luis Bras, Lumarmar, lunamarina, M. Schuppich, M.R. Swadzba, m_reinhardt, MacLuke, magiplus, Maksym Gorpenyuk, makuba, Malena und Philipp K,

Marcin Chodorowski , Marco Mayer, Marek Cech, Marek Kosmal, Marek Krakowiak, Marek Mierzejewski, margie, Mariano Ruiz, Marie Jeanne Iliescu, marilyn barbone, Marina Karkalicheva, Marion Neuhauß, Martin Ellis, Martina Berg, Marzanna Syncerz, Maslov Dmitry, Mauro Rodrigues, Mäusefänger, max blain, max5128, maxcom, mch67, Mefodey, mesmerizer, mettus, MF, mhp, Michael Neuhauß, Michael Tieck, michal812, micromoth , Mihail Orlov, Mihail Tolstihin, miket, Mikhail Sosnin, milosluz, Miredi, Miroslava Arnaudova, mirpic, mirvav, mitrut danut, momanuma, moodboard Premium, moonrun, Mpfoto, mschm, Mykola Mazuryk, Nadezhda Bolotina, Natalie Bedacht, NataliTerr, NatUlrich, netopereq, nfrPictures, Nick Biemans, Nicolas Larento, NiDerLander, Nikolay.Stoilov, Nivellen77, nonameman, Nuvola, O.K., o_p, oconner, Ogis, Olaf Kloß, Oleg Kozlov, Oleg Prigoryanu, Oleg Zhukov, oliver-marc steffen, Onkelchen, Ornitolog82, outdoorsman, Pakhnyushchyy, paleka, paolofusacchia, Parato, Patrick Hermans, Patrick J., Patrizia Tilly, PaulPaladin, Pavel Losevsky, Pawel Spychala, Paweł Burgiel, Per Tillmann, Peter Grell, PetrP, Pfredi, philip kinsey, Phillip Holland, PictureArt, Picturefoods.com, Pierre Landry, PinkShot, Piotr Rydzkowski, Piotr Skubisz, piotrwzk@go2.pl, PixBox, proma, Przemyslaw Koroza, psd photography, Rafal Janowski, Rainer Claus, Rainer Schmittchen, RalfenByte, Ramona Heim, razorconcept, RCP Photo, Reena, reginediepold, reiro, Riverwalker, Rob Byron, Robby Krause, Robert Rozbora, Robertas, Ronnie Howard , Roque141, RRF, Rtimages, Rudolf Schmidt, S. Rekate, s.luk, S.R.Miller, sabino.parente , salajean, Sander, Sandra van der Steen, Sascha Burkard, Sascha Hahn, sauletas, schachspieler, Scott Slattery, Sean Gladwell , seawhisper, Sergey Khamidulin, Sergey Kivenko, Sergey Lukianov, Sergey Yakovlev, Serhii Vyblov, shen meng, Sherr, siegelprojekt, Siegfried Schnepf, Sielan, silencefoto, Simone Durante, skyphoto, smokingdrum, Snow Queen, soleg, soniccc, srodas, stachu343, Stana, staphy, Stefan Andronache, Stefan Rajewski, Stefanos Kyriazis, Stepan Jezek, Stephane Pissavin, Stephanie Bandmann, Stephen Bonk, Stephen Meese, Steve Byland, Steve Gutz, Steve Mann, Steve Mutch, stirling05, StudioAraminta, Subbotina Anna, suerob, surub, susy2010, Suzana Tulac, svehlik, sykors, szulkins, szulkins, Tarabalu, Tatyana Gladskih, TDPhotos, teine, thegarden, thierry burot, Thomas Brandt, Thomas Stettler, thongsee, Thorsten Schier, Tim Glass, Tobago Cays, Tomáš Hašlar, Tomasz Kotas, Tomasz Kubis, Tomasz Wojnarowicz, TomFrank, Tomo Jesenicnik, Tony Campbel, Torsten Schon, tosoth, Tracey Kimmeskamp, Tralesta, Tramper2, TRE Wheeler, Tupungato, Tyler Olson, Udo Kruse, Uladzimir Bakunovich, unknown1861, UryadnikovS, Uschi Hering, UTOPIA, Uwe Wittbrock, Valeriy Kirsanov, Van Truan, Vanessa, vau, vchphoto , Vetea Toomaru, Vibe Images, victor zastol'skiy, Vidady, view7, Vinicius Tupinamba, vkph, Vladimir Grinkov, vladimirdavydov, Volker Beck, VRD, werbeatelier, wiktor bubniak, wime, WINIKI, withGod, Witold Krasowski, wojdol71, Wolfgang Heidl, Wolfgang Kruck, womue, wronaavd, Xaver Klaußner, Ximinez, Xuejun li, yaha vibe, Yana Andrzheevskaya, Yaroslav Gnatuk, yellowj, yong hong, Yuriy Rozanov, Zanna, Željko Radojko, zhu difeng, Zolran.

Wikipedia – Michael Joachim Lucke, Bernd Haynold